ANTICIPATION
LA REVUE

NUMÉRO 2

Autre numéro :

N°1 : Transhumanisme, la science va-t-elle modifier l'espèce humaine ? (Juin 2018)

Illustration de couverture : © 123RF / Tithi Luadthong

ANTICIPATION
LA REVUE

NUMÉRO 2

**L'ODYSSÉE SPATIALE,
IRONS-NOUS VIVRE LOIN DE LA TERRE ?**

PILOTÉ PAR
MARCUS DUPONT-BESNARD
& JEANNE L'HÉVÉDER

SOMMAIRE

PARTIE 1 : LE DÉSIR D'ESPACE..................................P.12

THOMAS PESQUET...P.16

MARION MONTAIGNE...P.28

PARTIE 2 : LE LONG TRAJET VERS L'ESPACE............P.38

DIDIER SCHMITT...P.40

BERNARDO PATTI...P.52

TANYA HARRISON..P.60

MICHELLE HANLON..P.67

VINITA MARWAHA MADILL..................................P.73

PARTIE 3 : LE SPATIAL RACONTÉ PAR LA SF............P.82

ANDRE BORMANIS..P.84

JOSEPH MALLOZZI..P.91

BECKY CHAMBERS..P.97

LAURENT GENEFORT...P.103

PARTIE 4 : CONSTRUIRE DANS L'ESPACE..................P.112

SANDRA HÄUPLIK-MEUSBURGER...........P.114

BARBARA IMHOF...P.119

PARTIE 5 : VIVRE DANS L'ESPACE...............................P.130

LUCIE POULET..P.132

A.-S. SCHREURS & J. CHARLES....................P.138

PARTIE 6 : NOTRE AVENIR SUR MARS.......................P.148

RICHARD HEIDMANN...P.150

SHEYNA GIFFORD..P.158

CHRIS MCKAY & STEPHEN PETRANEK......P.165

PARTIE 7 : EXOPLANÈTES & MOT DE LA FIN.............P.173

AVEC DEBRA FISHER, DAVID FOSSÉ
ET FLORENCE PORCEL

Ce numéro est publié durant l'année du 50ᵉ anniversaire
de la mission Apollo 11, pendant laquelle un humain, Neil Armstrong,
a posé pour la première fois un pied sur la Lune. À l'avenir, combien
d'autres fois allons-nous fouler des corps célestes, bien loin de la Terre ?

ÉDITO

Dans ce second numéro, comme dans le premier, notre enquête est fondée sur un *leitmotiv* : vous faire découvrir des univers et points de vue enrichissants de scientifiques autant que d'artistes. C'est grâce à leurs expertises et à leurs idées que nous vous projetons dans une multitude d'archétypes de futurs possibles. Notre recherche ne prétend pas à l'exhaustivité, elle s'apparente plutôt à un voyage à travers les sciences et la fiction. Vous pourrez toutefois constater que sur l'avenir de l'odyssée spatiale, beaucoup de considérations convergent d'un entretien à l'autre.

Une ambition que nous avons pour chaque numéro est de proposer une enquête au maximum intemporelle. Cela dit, le spatial connaît une telle effervescence que de nouveaux éléments apparaissent chaque semaine. Pour vous parler du futur en toute crédibilité, nous devons aussi vous parler du présent, voire même du passé. Ne soyez pas surpris si, dans plusieurs entretiens, nous prenons le temps de faire le point sur ce qui se fait de nos jours : cette base permet de poser de solides jalons à l'extrapolation.

Ces quelques précisions apportées, nous pouvons maintenant prendre la direction des futurs spatiaux qui nous attendent.

Marcus Dupont-Besnard
Jeanne L'Hévéder

Portrait officiel de l'astronaute Thomas Pesquet.
(Image : Nasa / domaine public)

PARTIE 1
LE DÉSIR D'ESPACE

THOMAS PESQUET : PROFESSION ASTRONAUTE..................P.16

MARION MONTAIGNE : DESSINER L'ESPACE............................P.28

Des millions de Français ont pris plaisir à suivre les aventures spatiales de l'astronaute français Thomas Pesquet, de novembre 2016 à juin 2017. La fascination envers ce nouvel eldorado que constitue l'espace est plus forte que jamais en ce début de XXIe siècle, tant l'évolution technologique et les œuvres de fiction convergent en direction d'un futur où l'humanité pourrait bien s'étendre au-delà de la planète bleue.

Le désir d'explorer les cieux pour repousser toujours plus de frontières est ancré en nous au moins depuis l'Antiquité. Au Ve siècle avant Jésus-Christ, le scientifique et philosophe grec Archytas de Tarente aurait conçu… une colombe aérodynamique. Ce petit automate en bois serait le tout premier de l'histoire à être capable de voler, et sur près de 200 mètres. Deux millénaires et demi plus tard, le 21 juillet 1969, près d'un quart de la population mondiale se retrouvait devant un écran de télévision ou un poste de radio pour suivre les premiers pas de l'humanité sur la Lune. Ce qu'Hergé avait imaginé, en faisant marcher Tintin sur la Lune en 1954, était devenu une réalité.

Dans un livre qu'ils ont coécrit, l'ancien astronaute Jean-François Clervoy et le docteur Franck Lehot estiment que, au moment de ce premier alunissage, le « *sentiment universel qu'une nouvelle ère s'ouvre à l'humanité est palpable* ». Jacques Villain, ingénieur et spécialiste de l'histoire de la conquête spatiale, écrit quant à lui que l'être humain est un « *voyageur-né* » : après avoir exploré et conquis l'ensemble de notre planète, nous projetons ce désir de conquête vers l'espace. Tout ce qui s'étend au-delà de l'atmosphère terrestre est perçu comme une extension du territoire mondial, un nouvel horizon où tout est encore à découvrir. Le besoin d'exploration est irrépressible et l'espace apparaît comme la seule opportunité de poursuivre cette trajectoire.

L'imaginaire politique américain est particulièrement marqué par cette édification de l'espace comme nouvelle frontière. Dans le contexte de la Guerre froide, entre 1947 et 1991, le mythe fondateur du Far West a été repris pour justifier le développement d'une politique spatiale ambitieuse. Le président John Fitzgerald Kennedy évoquait une continuité dans l'histoire des États-Unis en insistant, au cours d'un discours prononcé le 25 mai 1961, sur la nécessité de se lancer dans une « *nouvelle grande entreprise américaine* », afin de repousser la « *nouvelle frontière* » que constitue l'espace.

L'expression « conquête spatiale » restitue cette ambition diplomatique et militaire. C'est d'ailleurs pour se détacher de cette approche politique que nous avons préféré employer le terme « odyssée spatiale » pour le titre de ce numéro. Mais il est impossible de nier que l'exploration spatiale était et demeure une forme de conquête, l'histoire n'a de cesse de le rappeler, à l'image de Ronald Reagan déclarant une « *guerre des étoiles* » en 1983.

Paradoxalement, après la Guerre froide, l'espace sera aussi synonyme d'une entente mondiale autour d'objectifs communs. Les stations spatiales en sont l'incarnation. Dans un premier temps, elles n'étaient que le résultat d'une volonté nationale : Saliout pour l'URSS et Skylab pour les États-Unis. Le premier virage s'opère grâce à la station Mir, lancée par les Russes en 1986. Son programme s'est progressivement ouvert à des astronautes de nationalités variées. Aujourd'hui, la Station spatiale internationale est en orbite depuis deux décennies et constitue l'aboutissement de cette évolution, une coopération mondiale en faveur de la recherche scientifique.

Le rôle de la science-fiction

Du côté de l'opinion publique, la littérature de science-fiction a joué un rôle fondamental pour créer un désir de l'espace. « *Aucune entreprise humaine ne doit autant à la littérature que l'exploration de l'espace* », avance l'écrivain et éditeur Gérard Klein, dans *Le Monde diplomatique*.

Cette idée est partagée par Norman Spinrad, auteur de renommée internationale, qui écrit, dans le même journal : « *Le voyage spatial, la colonisation d'autres planètes — ou la conquête de l'espace, expression qui trahit les dessous impérialistes du rêve — ont été au cœur de l'esthétique de ce genre depuis qu'il existe. Beaucoup de savants et de techniciens qui ont amené les Américains sur la Lune, et un grand nombre d'astronautes eux-mêmes, ont été influencés par les romans d'anticipation.* »

La science-fiction connaît son âge d'or durant les années 1950, au début de l'odyssée spatiale. L'imaginaire, la politique et la science s'imbriquent alors plus que jamais, d'autant que les auteurs de cette époque, tels que Robert Heinlein, Isaac Asimov et Arthur C. Clarke, se donnaient pour mission de transmettre le goût de l'exploration spatiale dans leurs récits, avec un souci de pédagogie autant que de rigueur scientifique. Dans le film *2001 : L'Odyssée de l'espace,* développé par Arthur C. Clarke et Stanley Kubrick pour une sortie au cinéma en 1968, on retrouve une station spatiale orbitale et une base lunaire. Voilà de quoi aviver plus que jamais l'intérêt du public pour un futur spatial… un an avant le premier pas sur la Lune.

L'enjeu d'un futur spatial

Si nous avons décidé de dédier tout un numéro à l'odyssée spatiale, c'est parce qu'il s'agit d'un futur possible susceptible de métamorphoser profondément notre mode de vie. En jeu, rien de moins que notre habitat commun ; notre environnement quotidien ; nos relations humaines ; nos politiques ; nos inventions et idées qui font évoluer le monde.

Un avenir spatial n'est pas un avenir fantaisiste à envisager. L'humanité y a déjà consacré plusieurs décennies de recherches, d'investissements publics et privés. En plus de cela, l'espace occupe une place particulière dans l'imaginaire collectif : les mystères de l'Univers exercent indéniablement une fascination et un émerveillement, l'idée de l'explorer relève d'un grand rêve que la science cherche à réaliser. Florence Porcel, youtubeuse et vulgarisatrice scientifique, incarne ces deux aspects du spatial. Elle transmet tout le merveilleux de l'espace mais sans jamais délaisser la rigueur scientifique. Au travers de ses vidéos et de ses ouvrages, elle s'efforce d'adopter une pédagogie où le plaisir d'apprendre n'est pas incompatible avec une haute fidélité dans les informations. Pour elle, l'enjeu de la vulgarisation est « *de rendre accessibles les connaissances à tous les citoyens et citoyennes. Parce que la majeure partie du savoir acquis provient de la recherche publique – et donc financée par nos impôts – mais aussi et surtout parce que la connaissance du monde qui nous entoure doit faire partie intégrante de la formation intellectuelle et critique.* »

Le monde qui nous entoure est avant tout notre propre planète. S'intéresser à un futur spatial pourrait paraître incompatible avec l'enjeu environnemental : avant de chercher à aller vivre ailleurs, pourquoi ne pas prendre davantage soin de la Terre ? Comme vous le constaterez au fil des entretiens, la recherche scientifique et les oeuvres de fiction autour de l'odyssée spatiale ont également un impact sur la préservation de la Terre. « *Mieux connaître le(s) monde(s) qui nous entoure(nt) et avoir des satellites qui scrutent notre planète à chaque instant est indispensable pour mieux comprendre les enjeux concernant le dérèglement climatique* », tient à préciser Florence Porcel.

Les voyages habités dans l'espace sont partie prenante de la prise de conscience environnementale. En 1968, la mission Apollo 8 est la première mission habitée vers la Lune : le vaisseau, avec trois astronautes à son bord, s'installe en orbite lunaire sans se poser. L'objectif est notamment de prendre des clichés de la surface pour préparer Apollo 9. Mais l'astronaute William Anders en profite pour immortaliser le « lever de Terre » : au-dessus de l'horizon lunaire, on peut observer la Terre se lever tel un soleil. Le cliché devient célèbre, car c'est la première fois que l'humanité voit sa planète d'aussi loin. Galen Rowell, photojournaliste de la revue *Nature*, a déclaré qu'il s'agit de « *la photographie environnementale la plus influente jamais prise* ».

Depuis, Thomas Pesquet et bien d'autres astronautes n'ont jamais cessé de rappeler à quel point leur passage dans la Station spatiale internationale (ISS) fut très important pour développer une conscience écologique accrue. Dans ce numéro, nous projetons tout ce qu'implique un futur où l'humanité irait vivre dans l'espace, au-delà de sa planète d'origine. Mais pour autant, la Terre restera au cœur de nos préoccupations.

THOMAS PESQUET
PROFESSION ASTRONAUTE

Thomas Pesquet incarne la figure moderne de l'astronaute : non seulement il a vécu dans l'espace, mais il sait aussi communiquer avec pédagogie et enthousiasme sur le sujet. Les quelques centaines de milliers d'internautes qui le suivent sur les réseaux sociaux ont ainsi pu profiter de ses photographies de la Terre vue depuis la Station spatiale internationale. À son retour, sa capacité à transmettre le sens scientifique de sa mission a probablement généré quelques vocations parmi les plus jeunes.

Ancien pilote de ligne, il est recruté comme astronaute en 2009 par l'Agence spatiale européenne (ESA), parmi plus de huit mille postulants. Il lui faut alors suivre un entraînement de six ans, avant de pouvoir enfin devenir le dixième astronaute français. Durant ces six années intensives, Thomas Pesquet apprend le russe ; participe à des exercices de survie (des grottes de Sardaigne en passant par la Taïga en Sibérie) ; se familiarise à l'impesanteur dans une centrifugeuse ; s'exerce aux gestes médicaux ; apprend l'utilisation d'outils informatiques qu'il sera amené à manipuler sur l'ISS... Et ce ne sont là que de brefs exemples. Derrière l'apparat glamour du métier d'astronaute se cache aussi et surtout énormément de travail. C'est là un aspect qui n'est pas souvent abordé et Thomas Pesquet nous le confirme d'emblée : « *Les choses positives sont celles dont on parle le plus, en insistant sur tout ce qui est formidable, donc parfois on peut avoir l'impression que le métier d'astronaute n'est que du fun, alors que 99 % du temps c'est plutôt... "de la sueur et des larmes" ou pas loin !* relève l'astronaute. *Les difficultés et les sacrifices sont quand même très présents. C'est un style de vie qui est centré sur ce projet professionnel et tout le reste est secondaire. Ce n'est pas facile à vivre tous les jours.* »

Mais, si aller dans l'espace est tellement difficile, pourra-t-il un jour être accessible à celles et ceux qui ne sont pas surentraînés ? La réponse est probablement oui. Nous sommes d'ores et déjà à l'aube du tourisme spatial. Il est prévu que la Nasa ouvre les portes de l'ISS à des activités commerciales à partir de 2020. Si l'on en croit les premières annonces, SpaceX et Boeing, deux sociétés privées partenaires de l'agence spatiale américaine, pourront faire séjourner une douzaine d'astronautes non professionnels sur l'ISS jusqu'à trente jours chacun. À 31 000 euros la nuit, ce n'est pas encore pour le commun des mortels, mais la brèche est néanmoins ouverte : le spectre des humains aptes à vivre dans l'espace s'élargit légèrement, et ce n'est qu'un début.

Dans cet entretien, Thomas Pesquet nous immerge dans son quotidien d'astronaute, de ses missions scientifiques à son état d'esprit... Pour mieux nous narrer sa vision du futur de ce métier et du spatial.

L'ENTRETIEN

Quel est votre rôle scientifique en tant qu'astronaute ?

La Station spatiale internationale a deux rôles. Le premier est l'exploration : apprendre à vivre dans l'espace pour pouvoir aller plus loin. Le second est d'être un laboratoire scientifique dans lequel on utilise les propriétés de l'environnement spatial, comme l'impesanteur et les radiations. Le but est d'accéder à des résultats qui ne sont pas découvrables sur Terre. Les scientifiques ont des idées, connaissent les propriétés de cet environnement, se disent que ce serait super intéressant pour leur travail d'envoyer leurs recherches dans la station spatiale. Alors ils contactent les agences, qui font des appels à idées. On met tout en musique, on envoie cela dans la station et c'est là que, nous, astronautes, entrons en jeu. Nous sommes à la fois les opérateurs, les yeux et les mains des scientifiques, sans être experts.

Notre rôle est de réaliser des expériences scientifiques au profit des laboratoires au sol. Et pour tout ce qui relève de la physiologie, de la médecine, de la biologie, nous pouvons servir de cobayes, par exemple avec des prises de sang et d'autres protocoles.

Pouvez-vous nous parler de l'une des missions les plus fondamentales que vous avez eu à bord ?

Il est toujours difficile de mettre le doigt sur une seule, car l'une des particularités de l'ISS est la pluridisciplinarité. C'est l'un des seuls laboratoires dans le monde qui fait à la fois de la biologie, de la médecine, de la science des matériaux, de la cosmologie. D'habitude, chaque laboratoire est spécialisé.

Néanmoins, mon expérience la plus ambitieuse concernait la physiologie des muscles, avec un appareil capable de mesurer finement les caractéristiques musculaires. Ce n'est pas seulement le volume musculaire mais aussi, en profondeur, la structure du muscle, afin d'étudier comment l'atrophie qui touche les astronautes pourrait être un modèle en accéléré du vieillissement ou de pathologies musculaires comme la myopathie.

En regardant la manière dont les muscles changent et dont ils récupèrent, cela donne des pistes aux scientifiques pour essayer de trouver des traitements contre des pathologies au sol.

Quel a été votre plus grand bonheur à bord de l'ISS ?

Le meilleur moment, c'était vraiment le début : l'entrée dans la station spatiale. C'était un rêve qui se réalisait, puisque cela faisait sept ans que je préparais cette mission, voire davantage si l'on compte tout ce que j'ai fait avant dans ma vie m'ayant amené à devenir astronaute. Quelque part, je prépare cela depuis que je suis tout petit.

Il y a beaucoup de choses qui peuvent se passer, les probabilités d'aller dans l'espace sont « contre l'individu ». La satisfaction personnelle est immense. C'est beaucoup de bonheur, car la découverte d'un univers qu'on a énormément suivi sur des écrans. Auparavant, j'avais travaillé sur des expériences au sol mais, là, tout d'un coup, cela se réalise : on flotte dans la station, on se cogne un peu partout mais ce n'est pas grave car on a risqué notre vie, donc on est content d'être arrivé à bon port ! C'était un moment incroyable. S'il y a beaucoup d'autres bonheurs, c'est bien celui-là qui s'est le plus imprimé dans mon cerveau.

En parallèle, quelle a été votre plus grande crainte ?

Quand on est à l'intérieur de la Station spatiale, c'est vraiment comme être sur un gros bateau, voire dans un sous-marin. À l'intérieur, il n'y a pas vraiment de fenêtres, sauf une qui est panoramique. La plupart du temps, tout apparaît très confiné. Mais c'est assez sûr, peu de choses peuvent arriver même si c'est possible quand même ! Le feu peut prendre à bord, il peut y avoir une dépressurisation… mais heureusement cela n'arrive pas souvent, voire jamais. Tant mieux pour nous !

En revanche, quand on sort de l'ISS en sortie extra-véhiculaire, tout est beaucoup plus dangereux. On s'expose à un environnement qui est très difficile, sans la protection de la coque de la station et de tous ses systèmes. C'est vraiment le moment le plus vertigineux, où le danger est le plus élevé. Il faut travailler en dehors, attaché par une petite longe. On lâche les deux mains et on flotte avec 400 kilomètres de vide sous les semelles. C'est le moment le plus impressionnant.

Il ne faut pas nier non plus la peur qu'il arrive quelque chose aux proches sur Terre. Pendant six mois, on est parti et on ne peut absolument pas revenir. Heureusement, les proches sont aidés par l'agence spatiale. Mais le grand stress reste un accident de voiture, une crise cardiaque pour les parents ou les grands-parents, des choses comme cela... C'est très dur à gérer.

De nos jours, les missions spatiales sont en orbite terrestre. On peut voir la planète, communiquer facilement avec les proches. Supporteriez-vous de vivre la même expérience sans jamais apercevoir la Terre ?

Les grandes inconnues pour les missions au long court sont en effet assez psychologiques. Pour l'aspect technique on va y arriver même si ce n'est pas facile. Par contre, pour l'aspect psychologique on ne sait pas. Personne n'a jamais perdu la Terre de vue, ou alors un tout petit peu en tournant autour de la Lune pendant les missions Apollo – mais cela demeurait peu éloigné, revenir en deux jours était possible. Si on va sur la Lune et qu'on s'y installe de manière un peu plus permanente, quand on fera des missions habitées sur Mars, sans plus apercevoir la Terre... Ce sera une autre paire de manches. On ne sait pas ce qui va se passer dans la tête des gens. Il y aura un délai de communication, parler en direct ne sera plus possible, il faudra s'envoyer des messages. Ce sera comme revenir quelques centaines d'années en arrière, à l'époque où l'on s'envoyait seulement des lettres et où c'était très long !

Je pense qu'il faudra pouvoir s'envoyer des vidéos, trouver des moyens de garder ce type de contact, car l'Homme n'est pas fait pour vivre entièrement seul. Même sur Terre, la police au Groenland travaille en duo et fait des haltes pour rejoindre la civilisation. Quoi qu'il en soit, on y travaille ! Il y a des expériences d'isolation, comme Mars500, qui sont faites pour mettre les gens dans de telles conditions et voir ce qu'il se passe.

Pourriez-vous être confronté à un tel isolement ?

Oui. Je pense que par définition les astronautes estiment qu'ils peuvent se confronter à tout. Parfois il se trompent... mais toujours est-il qu'ils se portent volontaires, alors c'est bien. Je suis assez patient, cela ne me dérange pas forcément d'être tout seul.

Cela dit, je n'ai jamais été isolé pendant trois ans, donc je ne peux pas vraiment savoir. J'imagine qu'il faudra un screening, à savoir une sélection psychologique, ce qui a déjà été le cas pour nous avant l'ISS. Passer six mois dans la station et bien s'entendre avec les collègues nécessite d'avoir un certain profil psychologique. Il faudra pousser cela encore plus à l'extrême dans les prochaines sélections.

Avez-vous une idée des évolutions nécessaires appelées à être développées afin de pouvoir vivre dans l'espace ?

Si on parle par exemple d'une mission vers Mars, il ne manque pas grand-chose mais il y a trois problèmes expliquant qu'on ne sache pas encore le faire.

Le premier souci serait la dose de radiations éprouvée par les astronautes. Dès qu'on s'éloigne de la Terre, on n'est plus protégé par les ceintures de Van Halen (le champ magnétique terrestre) donc l'exposition aux radiations est bien plus forte. Un aller-retour de six mois sur Mars, scénario classique, générerait une exposition trop importante. La manière de gérer ce problème reste un paramètre inconnu. Blinder davantage le vaisseau est envisageable, mais à ce moment-là il est beaucoup plus lourd... et c'est ici qu'intervient le deuxième problème. Une mission vers Mars nécessite énormément de logistique : de la nourriture, de quoi descendre sur la planète et remonter, etc. Tout est très lourd. Le coût du lancement (et il en faudra une vingtaine) devient prohibitif.

Le troisième problème, c'est la rentrée atmosphérique sur Mars. Il y a juste assez d'atmosphère pour qu'il soit nécessaire de s'en soucier : on va brûler, car on arrive très vite. Par contre il n'y a pas assez d'atmosphère pour que le frottement nous ralentisse. Or, c'est comme cela qu'on redescend sur Terre. Plus on descend, plus on frotte, plus on ralentit, ainsi de suite. Il suffit d'un bouclier thermique, d'un parachute, et les astronautes rentrent sur Terre à l'intérieur d'une capsule. Sauf que sur Mars, c'est plus compliqué.

Il faudrait poser 40 tonnes sur la surface, correspondant à six mois d'exploitations scientifiques et de matériels logistiques, à la fois pour les gens qui seront sur place mais aussi pour pouvoir redécoller. On ne sait pas faire une entrée atmosphérique sur Mars avec 40 tonnes comme on sait le faire avec les 100 kilos du rover Curiosity.

Tout cela pour dire qu'avec une propulsion plus rapide, nous pourrions faire le trajet aller-retour beaucoup plus rapidement, et alors tous ces soucis se solutionnent. Les radiations ne sont plus un problème, car le temps d'exposition est plus court. La dose totale est supportable. Une fois sur Mars, on se protège, on fait des habitations et on s'enterre. Le poids des lancements se simplifie : en allant beaucoup plus vite, la mission est plus courte, il y a moins de nourritures, de vêtements, de logistique... donc moins de poids. Les coûts de lancement seraient moindres et la rentrée atmosphérique deviendrait possible.

La propulsion spatiale est une clé pour les missions interplanétaires. Toutes les agences travaillent dessus. Nous avons bon espoir de progresser sur ce point.

Et du côté des matériaux, quel est l'enjeu du moment ?

Il y a l'impression 3D. On pense pouvoir se servir du régolithe lunaire, un matériau sous forme de poussière noire que l'on trouve à la surface de la Lune, pour imprimer des équipements ou même carrément de grandes structures comme des habitations. Technologiquement, tout converge de plus en plus, c'est pour cela que l'on est capable de dire que dans une vingtaine d'années nous aurons la capacité d'aller vers Mars.

Pensez-vous que le métier d'astronaute, dans un futur lointain, deviendra aussi répandu que d'autres professions, avec une diversification des activités et des missions ?

La tendance naturelle est que l'activité se « démocratise ». Tant mieux... Nous ne sommes pas là pour rester enfermés dans notre tour d'ivoire, à dire que nous sommes des professionnels, que c'est très difficile et que tout le monde ne peut pas le faire. L'idée, c'est que si l'on peut envoyer tout le monde dans l'espace, ce serait très bien.

Le fait est qu'on ne peut pas encore, pour pas mal de raisons. La première est médicale : du lancement au retour, cette activité est risquée. Donc nous ne pouvons pas encore envoyer des gens dans l'espace juste pour le plaisir. C'est plutôt pour travailler. Or, pour faire un boulot efficace dans l'espace, il faut malheureusement se préparer pendant des années.

Il y a tout de même des activités connexes qui se développent. On parle beaucoup de tourisme spatial, depuis des années, mais cela n'a pas encore trop décollé. Moi, je trouve que l'idée est bonne. L'exploration spatiale est comme toutes les explorations sur Terre : elle est d'abord conduite par des militaires, puis par des explorateurs, puis par des gens de la société. Ensuite, on s'installe dans le nouveau territoire, on le découvre, on l'utilise.

L'orbite basse terrestre a connu un processus quelque peu similaire : tout a commencé avec des petits vols expérimentaux, et maintenant il y a une station spatiale présente en permanence depuis 17 ans. On va aller de plus en plus loin, en refaisant une phase d'exploration sur la Lune mais avec l'idée d'y rester de manière plus permanente ; puis le même processus sera mené sur Mars, où l'on va envoyer d'abord des professionnels et des gens aguerris en espérant qu'ensuite cela suive.

C'est long, mais il faut relever l'ouverture depuis quelques années au secteur privé. Il est question d'hôtels spatiaux par exemple, avec des modules gonflables. Ce n'est pas de la science-fiction, des hôtels travaillent vraiment dessus et cette technologie est disponible à bord de l'ISS.

Tout ceci est très bien, car cela signifie que l'espace a une valeur non pas seulement pour la recherche mais aussi pour la société, en tant que champ de débouchés, d'activités économiques.

Cette colonisation de l'espace par les humains vous paraît-elle inéluctable ? Positive ?

Inéluctable... Oui, je pense. Qu'on le veuille ou non, l'être humain a cette curiosité qui le pousse à aller voir la forêt qui est derrière chez lui, un peu effrayante et sombre. C'est humain d'aller voir ce qu'il en est, d'aller plus loin. La peur nous pousse aussi, l'envie de connaître notre environnement pour être rassurés. Tant qu'on ne connaît pas cette forêt noire, elle est effrayante. Une fois qu'on la connaît, elle ne l'est pas tant que ça.

Et puis il y a la grande question « D'où venons-nous et où allons-nous ? ». Pour y répondre, nous devons chercher autour de nous, regarder et essayer d'apprendre. Ces deux choses là ne s'arrêteront jamais... Donc, oui, il y a quelque chose d'inéluctable.

Pour le côté positif, cela dépend comment c'est fait... Quand la course à la Lune a commencé, des traités ont été rédigés pour en interdire l'exploitation commerciale, l'appropriation par un État ou un autre, afin de ne pas tomber dans certains travers de l'Homme. Le jour où l'on ira vers Mars, il va falloir se soucier de l'environnement. Même si sur cette planète il n'y a pas de « nature » au sens où nous l'entendons (oiseaux, arbres...), il faudra faire attention à ce que nous y faisons.

Il ne faut pas venir pour dénaturer ou polluer, amener de mauvaises choses ou en ramener. Ce qui est bien, c'est que par rapport à la conquête de l'Amérique ou même aux premières explorations des sommets alpins, nous avons un état d'esprit plus conscient. Nous savons qu'il y a d'autres problématiques que juste aller poser un drapeau puis revenir.

Est-ce qu'il existe des œuvres de fiction qui décrivent l'espace de manière assez proche de ce que vous avez vécu et ressenti ?

Je trouve cela intéressant qu'avec les progrès techniques du cinéma, il soit possible de faire des choses qui y ressemblent beaucoup. Ne serait-ce que *Gravity*... Bon, ils prennent beaucoup de libertés avec les lois de la physique et plein d'autres choses, mais le rendu est assez impressionnant. Il y a des jeux de lumière qui sont très bien faits, un rendu bluffant de la Station spatiale. On a l'impression d'y être. Se trouver un peu dans la peau des astronautes est de plus en plus possible.

D'ailleurs, la station a été filmée avec des caméras à 360°. La qualité n'est pas formidable, mais dans le futur nous pourrons amener une vraie belle caméra à bord et, en se mettant un casque de réalité virtuelle sur la tête, les gens auront vraiment l'impression d'être avec nous !

Avez-vous fait des rêves et des cauchemars légèrement différents de ceux que vous faites sur Terre ?

C'est une bonne question mais, me concernant, j'ai tendance à ne pas me rappeler de mes rêves. J'ai un sommeil assez noir, que ce soit sur Terre ou dans la station. Je n'ai pas noté de grand changement entre rien et rien !

Cela dit, il y a des gens qui ont beaucoup de mal à dormir dans l'ISS, à cause de la sensation de flotter qui diffère de l'habitude que nous avons depuis tout petit de reposer la tête sur un oreiller et le corps sur du mou.

Qu'est-ce que cela a profondément changé en vous de vivre dans l'espace ?

Il y a des conséquences sur le corps. Le système cardio-vasculaire est déprimé, les artères se raidissent. J'ai perdu un peu de densité osseuse, de volume et de puissance musculaire... Mais tout se récupère assez bien au sol. Donc physiquement, ça va.

Moralement et psychologiquement, je trouve qu'il y a deux choses. Je l'ai déjà dit et d'autres l'ont dit avant moi, mais il y a vraiment le fait de voir la planète dans toute sa fragilité. Sur Terre, on a beau parler de changement climatique, de pollution, etc., cela ne touche pas les gens dans leurs sentiments. On peut raisonner avec son intellect, constater que les scientifiques parlent de plus de deux degrés de réchauffement, mais ce sont des phénomènes qui se passent à une échelle tellement grande qu'on n'est pas capable de totalement les intégrer. Nous, ce qu'on sait intégrer, c'est ce qu'il se passe à l'échelle de l'Homme, ce qu'on voit autour de nous – la centaine de personnes avec qui l'on interagit.

En allant dans l'espace, on prend un recul dingue. La Terre entière est mise à cette petite échelle, ce qui permet d'appréhender par ses sens. Le réchauffement climatique et la pollution deviennent tout d'un coup des choses très concrètes. Les traces sont visibles sur la Terre et l'impact est démultiplié. Ce n'est pas qu'une théorie, c'est là, sous nos yeux, et il faut s'en occuper. La conscience écologique en devient plus aiguë.

Et puis la deuxième chose est une inquiétude. On se dit que, mince, cette petite bulle d'oxygène qui entoure la Terre a l'air très fragile. On est perdu dans l'immensité du noir, dénué de vie à des millions d'années-lumière de tous les côtés.

Il y a un côté « radeau sur les flots déchaînés du Pacifique », ce qui n'est pas forcément rassurant. Mais le fait d'être allé dans l'espace, d'avoir vu ce que cela demande en termes de technologie, de coopération pacifique entre les États, de somme de travail de tous ces gens partout dans le monde pour faire un truc qui marche... C'est absolument fou, si on arrive à faire cela alors on peut faire n'importe quoi. Quand je dis « on », c'est l'espèce humaine.

Si on peut faire marcher au jour le jour une Station spatiale internationale, en plus avec des gens qui ne parlent pas la même langue et qui ne se connaissent pas avant, c'est un truc dingue, c'est Star Wars. Alors je ne vois pas ce qu'on ne peut pas faire sur Terre. Cela donne de l'espoir. Si l'être humain s'y met, on peut faire des choses magnifiques.

Qu'est-ce que l'odyssée spatiale peut apporter à l'humanité ?

Nous n'avons pas une infinité de choix, il y a des choses qui ne sont pas à notre portée. Quand on parle d'exoplanètes, la plus proche est inatteignable avant quelques centaines d'années. Aujourd'hui, on a maîtrisé l'orbite basse terrestre. Cela va s'ouvrir au secteur privé petit et à petit pour faire de la recherche, du tourisme, tout ce qu'on veut bien. Et nous allons aller un peu plus loin, autour et sur la Lune.

Ensuite, le but ultime est d'aller vers Mars, car c'est la planète la plus proche, la sœur jumelle de la Terre, nos histoires et compositions sont très proches... Par exemple, si on arrive à comprendre comment la vie s'est créée sur Mars, on peut mieux comprendre comment elle s'est créée sur la Terre.

Quelle est la chronologie que l'on peut anticiper ?

C'est toujours difficile de donner une échelle de temps, mais en gros jusqu'à 2025-2030 on va continuer d'exploiter la station spatiale, parce qu'il y reste encore des centaines et des centaines d'expériences dans les cartons. Nous allons finir cela. Ensuite, progressivement, autour de 2025, l'Agence spatiale européenne va vraiment se concentrer sur la Lune.

En 2025-2035, il y aura une station autour de la Lune, on descendra y faire des missions scientifiques et répéter nos gammes pour aller vers Mars. À partir de 2035-2040, on va commencer à lancer des missions habitées sur Mars. Et je pense que 2040 et 2050 seront les grandes années des premières missions habitées, l'aventure humaine et scientifique du siècle.

MARION MONTAIGNE
DESSINER L'ESPACE

Si Thomas Pesquet peut donner l'impression d'être une sorte de superhéros aussi fort qu'imperturbable, Marion Montaigne est la dessinatrice qui a réussi à le rendre comique, voire rocambolesque. Publiée en 2017, sa bande dessinée *Dans la combi de Thomas Pesquet* est un journal de bord de l'ISS et de la phase d'entraînement des astronautes... en version décalée et réalisée en collaboration avec l'astronaute.

Marion Montaigne n'en est pas à son coup d'essai. Sur son blog *Tu mourras moins bête*, elle met en scène le Professeur Moustache et ses acolytes. Elle s'attache à vulgariser les enjeux scientifiques dans l'air du temps à l'aide de son trait de crayon autant que de son humour.

Nous sommes revenus avec elle sur son processus de création. Comment dessiner l'espace ? Qu'est-ce qui l'a motivée à travailler sur la vie d'un astronaute ? Qu'en a-t-elle appris ?

L'ENTRETIEN

Pourquoi avoir décidé de dédier votre crayon de dessinatrice à la vulgarisation scientifique ?

Déjà, personnellement, j'ai une sorte de tiraillement depuis le collège-lycée. J'adorais la biologie. J'aurais du faire un bac de bio mais cela n'existait plus. Et puis j'étais un peu paumée à cette époque, je ne savais pas clairement ce que je voulais faire, ni ce dont j'étais capable. Je ne me trouvais pas assez bonne, en rien, je manquais beaucoup de confiance en moi et j'ai tâtonné, pas osé, pour finalement, au bord du gouffre, choisir le dessin. Le choix « le moins pire ». Ce n'est pas glorieux mais c'est dur de se lancer pour la vie dans un métier quand on est adolescent. Surtout un métier dont on ne connaît rien, et que l'entourage familial ignore totalement.

Le dessin ne venait pas de nulle part non plus, j'en faisais pas mal, je n'ai donc pas galéré pendant mes études d'art et d'animation. Quand je me suis lancée dans la BD, mon intérêt pour la science est naturellement remonté. J'ai donc pu faire d'une pierre deux coups, niveau passion.

Ce qu'apporte le dessin, c'est une infinité de possibilités. Je peux dessiner le passé, le futur, les vaisseaux spatiaux ou une cuisine pour le même prix, je fais autant d'effets spéciaux que je veux. Ce qui n'est pas le cas au cinéma. Ma limite, c'est mon endurance et ma capacité en dessin. Je suis maître de mes personnages, du rythme, du récit. La liberté, en somme.

Vous dessinez une grande diversité de lieux, d'environnements, de personnages... Quelles sont les particularités qui interviennent lorsqu'il s'agit de dessiner des scènes spatiales ?

L'espace est assez particulier à dessiner. C'est à la fois du vide sur une échelle infinie et en même temps une très grande densité dans des lieux clos. Dans la BD sur Thomas Pesquet, je voulais qu'il y ait un contraste face à la préparation au sol et l'espace. Au sol, cela requiert beaucoup de gens, beaucoup d'entraînement, de lourdeur... Pour le séjour spatial, je voulais que l'image soit plus éthérée.

L'idée, c'est qu'après avoir été énormément entouré, l'astronaute se retrouve un peu seul aux manettes. Les couleurs dans la station sont plus pâles, plus légères et vaporeuses, plus en demi-teinte par rapport aux couleurs des scènes sur Terre.

Cela m'a paradoxalement un peu embêtée, car j'aime bien le bazar organisé qui règne dans la station. Il y a des objets, des outils, des packs, des caissons, des appareils, des ordinateurs partout, dans tous les sens, scratchés sur tous les murs. C'était frustrant de ne pas dessiner tout ça. Mais au bout d'un moment, j'avais aussi une deadline, il fallait avancer.

Enfin, dernier point, comme la BD avait un ton assez léger, accessible, je voulais aussi qu'on voie à quel point cette mission est quand même grandiose, quand on y pense. Pour la scène de sortie extra-véhiculaire, je me suis dit que mon dessin ne saurait jamais rendre la beauté de ce que voient les astronautes. J'ai donc fait des planches « pleine page » dans l'idée de faire un meilleur rendu de la taille imposante de la structure de la station (tandis que la plénitude de l'univers est, elle, quasi impossible à rendre...).

Qu'est-ce qui a déclenché cette idée de vulgariser la vie d'un astronaute ?

Fin 2015, je voulais faire une BD sur l'espace. J'étais en train de me documenter, de rencontrer des gens qui travaillaient dans le spatial, mais je n'avais pas encore clairement mon sujet. Et puis de fil en aiguille, dans la continuité de ma documentation, j'ai pu rencontrer Thomas et j'ai appris qu'il m'avait fait un commentaire très sympa sur mon blog, dix mois auparavant.

Je m'en suis bien voulu de ne pas l'avoir remarqué plus tôt... Il m'avait tendu la perche et je n'avais rien vu. Au moins, cela montrait de sa part l'envie de partager son expérience par le support de la BD. Quand vous rencontrez un astronaute, vous vous dites automatiquement : « Mais comment ça se passe ? Comment font-ils ? ». En somme, le sujet de la BD était une évidence : répondre aux questions que tout le monde poserait à Thomas en l'ayant en face de soi.

Début 2016, j'ai commencé les déplacements à Cologne, au Centre des astronautes européens. Je me suis pas mal mis la pression, parce que c'était un réel honneur d'avoir la confiance de Thomas. Je voulais aussi que les gens en aient pour leur argent, dans le sens qu'ils profitent, à travers un gros livre, de tout ce que j'avais eu la chance de voir et d'apprendre. J'aurais pu faire un bouquin six fois plus gros tant il y en aurait à dire.

Thomas Pesquet vous a raconté tous les détails de sa vie quotidienne, de la préparation à la station. Est-ce qu'il y a des choses que vous n'auriez jamais imaginé dessiner en commençant cette BD ?

Je ne pensais pas mettre l'aspect quotidien autant en scène. Par exemple, la compagne de Thomas, Anne, a bien voulu m'expliquer certains événements vécus du point de vue de la famille. C'était un aspect que je n'avais pas du tout anticipé au début. Mais pour avoir assisté à un décollage, j'ai réalisé que c'était un point très important.

Que la fusée décolle, c'est bien et rassurant, mais on oublie parfois que les astronautes restent dans l'espace pendant deux jours, seuls dans une petite capsule grande comme un jumper, seuls dans l'univers, le temps de rejoindre la station. Pour la famille aussi, ce sont deux jours éprouvants, en plus du décollage qui dure des heures.

Thomas m'a aussi beaucoup parlé d'anecdotes d'entraînements avec des collègues, d'où ressort un mélange de compétition et de franche camaraderie. Il y a pas mal d'anecdotes que j'ai pu raconter avec l'astronaute italien Luca Parmitano, avec qui il s'entend bien. S'il ne m'avait pas raconté ces scènes et son ressenti, je n'aurais jamais osé les imaginer.

Le résultat est très drôle, mais pour autant scientifiquement fiable. Pourriez-vous nous expliquer le processus créatif par lequel vous avez transposé cette réalité ?

L'étape la plus longue a été la documentation, avec les déplacements, les entretiens ainsi que le tri des infos. Finaliser le dessin en lui-même a duré environ cinq mois, sur vingt-quatre en tout. Je me suis rendue plusieurs fois à Cologne pour poser des questions à Thomas et à des entraîneurs. Ensuite je suis allée à la

Nasa, à Houston, à Baikonour puis en Russie. Entre chaque déplacement, je me documentais, j'ai téléphoné à des gens travaillant avec les astronautes.

Sur place, j'avais un appareil photo et un carnet de croquis. Il y avait des entraînements durant lesquels je restais dans un coin, me faisant la plus discrète possible. Parfois j'avais le droit de poser des questions. Dans l'ensemble, je dessinais peu. Je savais que les lieux étaient très documentés et que je saurais les retrouver en photo, quand ce n'était pas moi qui les photographiais.

Par contre, je prenais le maximum de notes. Je décrivais des détails : les posters sur les murs, ce qui était écrit sur les mugs, les interactions. Je notais aussi comment Thomas parlait avec ses entraîneurs, pour pouvoir le faire parler ensuite en BD. Le genre de choses que je pouvais relever, c'est par exemple qu'ils parlaient beaucoup en acronymes.

C'était réellement une chance de voir les lieux où tout se passe, car cela donne l'ampleur réelle de l'entreprise, de l'ambiance, de la masse de gens qui entoure un astronaute et qui travaille activement à le former. Vous avez aussi un aperçu des tensions quand le décollage approche, une idée du temps que prennent tous les déplacements, etc. Être sur les lieux apporte énormément d'informations et vous vivez vous-même les ambiances. On pense par exemple que j'exagère avec Youri Gagarine quand je montre qu'il est partout en Russie. Mais c'est vrai. On déconne pas avec Youri.

On a une image assez solennelle de l'astronaute : quelqu'un de fort, sérieux, héroïque... Tout ce qu'inspire d'ailleurs Thomas Pesquet. Qu'est-ce qui vous a poussé à mettre en scène plutôt une version amusante ?

Quand j'ai rencontré Thomas Pesquet pour la première fois, je m'attendais à un pilote froid, super sérieux, rigide, en contraste avec le milieu artistique un peu barré dans lequel on doit baigner pour faire de « l'art ». J'ai découvert à ma grande surprise quelqu'un de très accessible, avec beaucoup d'humour. Il n'adopte pas la position d'une personne qui en sait plus que vous. Et puis on est de la même génération, avec deux ans d'écart, donc cela aide.

J'avais très peur de ne lui poser que des questions idiotes auxquelles il a répondu 4000 fois. Mais non, vous rencontrez quelqu'un qui veut bien parler de son boulot et qui a envie de partager ce qu'il fait. Certes, il a répondu beaucoup de fois à la même question mais il va essayer de vous aider parce qu'il vous en a fait la promesse et qu'il la tient.

Il s'est mis à mon niveau pour tous les aspects techniques. Il savait que j'étais sur une ligne humoristique, donc il se doutait très bien des détails que je trouverai croustillants. Souvent il me disait : « Alors ça, cela va te plaire, parce que voilà comment ça se passe ».

Évidemment, c'est sérieux l'espace, on envoie des hommes et des femmes dans un lieu hyper hostile. Mais il y a une vie à côté, comme tout le monde, avec des collègues, une famille, des histoires personnelles, des enfances, des amis, la hiérarchie, la presse... C'est cette facette du personnage que je voulais montrer.

Le métier d'astronaute est sérieux, mais à côté ce sont des gens qui se font des vannes à la machine à café, qui se marrent avec leurs potes, qui ont leurs lubies, leurs personnalités. Et puis Thomas a de l'humour, l'existence de cette BD en est la preuve.

Qu'avez-vous appris de votre aventure spatiale qu'est la réalisation de cette BD ? Qu'est-ce que cela a apporté à votre vision de l'odyssée spatiale ?

Ce qui m'épate, c'est le rapport entre les grands fondements de cette exploration qui font partie de l'inconscient collectif (« on est allé sur la lune ») et leur dimension humaine. En passant du macroscopique au microscopique (voire nano), on réalise que derrière ces missions incroyables, il y a des humains avec leurs qualités, leurs faiblesses, leurs doutes et leurs capacités. Ils vont, non sans difficulté, essayer de transcender leur condition. J'ai l'impression que cette transcendance est indissociable de la science, du savoir mais aussi d'un énorme travail collectif. Il faut réussir à combler au maximum l'erreur humaine à chaque niveau microscopique pour en faire une mission plausible.

Je lisais dans le livre de Mary Roach, *Packing for Mars* – que j'ai beaucoup consulté pour faire la BD –, le propos d'un ingénieur. Il expliquait (grosso modo) que statistiquement, vu le nombre de pièces qui composent les engins spatiaux, même si chacune d'elles n'a que 0,01 % de chance d'avoir une défaillance lors d'une mission, cela signifie qu'on en rencontrera forcément une. On a juste à espérer qu'elle ne soit pas trop importante. C'est extraordinaire qu'on parvienne régulièrement à envoyer des humains dans une station... mais bizarrement, c'est devenu banal.

Concernant l'envoi d'humains sur Mars, j'ai l'impression que cela cache un peu l'envie de redonner à l'exploration spatiale un goût de merveilleux, d'aventure, voire d'optimisme quant à l'avenir de l'humanité en ces temps tout à fait anxiogènes. Moi-même j'adorerais suivre une mission martienne. Cependant, tout ceci ne doit pas faire croire à l'humanité qu'il y aurait un plan B dans le fait d'aller s'installer là-bas.

On a beaucoup d'énergie et d'ingéniosité collective à mettre dans la préservation de notre planète (enfin, la planète... c'est surtout nous qui risquons de crever dans l'affaire, mais en entraînant avec nous pas mal d'espèces). Aussi j'ignore si l'on peut faire les deux : nous sauver et nous projeter plus loin pour garder le moral.

Couverture de la BD *Dans la combi de Thomas Pesquet*, de Marion Montaigne, publiée aux éditions Dargaud.

Représentation du véhicule spatial Crew Dragon de SpaceX en train de s'amarrer à l'ISS. Ce vaisseau a pour but de transporter des équipages. (Image : Nasa / domaine public)

PARTIE 2
LE LONG TRAJET VERS L'ESPACE

DIDIER SCHMITT : L'AMBITION SPATIALE DE L'EUROPE........P.40

BERNARDO PATTI : DESTINATION LUNE......................P.52

TANYA HARRISON : LE NEWSPACE..................................P.60

MICHELLE HANLON : LE PATRIMOINE SPATIAL.........................P.67

VINITA MARWAHA MADILL : LES « ROCKET WOMEN »...........P.73

Aller dans l'espace, pour l'explorer et s'y installer, reste un défi technique et scientifique de tous les instants. Plus l'ambition des missions est grande, complexe, et plus celles-ci s'étalent sur une longue durée, plus le spectre des difficultés potentielles s'agrandit.

Avant même d'anticiper la façon dont nous pourrions construire des habitats spatiaux et y vivre en autonomie, il faut s'attacher dans un premier temps à saisir les premières étapes qui pourront nous mener à l'espace.

Une station spatiale autour de la Lune

Aujourd'hui, nous avons déjà « conquis » l'orbite basse terrestre avec la Station spatiale internationale. Dans un avenir proche, c'est le Deep Space Gateway – ou Lunar Orbital Platform-Gateway – qui prendra le relai. Initiée par la Nasa, en partenariat avec les autres grandes agences et de nombreuses entreprises privées, cette nouvelle station sera installée en orbite lunaire. L'objectif est d'en faire une passerelle pour transiter de la Terre vers la Lune et vice versa.

Si des missions robotiques sont prévues par l'intermédiaire du Gateway, l'ambition est surtout d'initier un renouveau de l'exploration spatiale humaine. Selon le calendrier annoncé, des astronautes fouleront le sol de notre satellite naturel d'ici 2024, pour la première fois depuis plusieurs décennies. Dès 2028, une base permanente sera installée sur la Lune. L'Agence spatiale européenne n'hésite pas à évoquer le projet d'un « village lunaire international ».

La prochaine étape de l'odyssée spatiale est donc bel et bien la Lune, mais Mars est loin d'être la grande oubliée de ce programme. Le Gateway relève d'une vision à long terme : l'infrastructure est aussi destinée à préparer et à envoyer des missions habitées dans le système solaire.

Des enjeux aussi scientifiques que politiques

L'odyssée spatiale est, certes, une aventure avant tout scientifique et technologique. Mais si l'espace devient une zone où les humains sont susceptibles de s'installer sur la durée, il s'agit d'une extension de toutes les problématiques de la vie humaine en collectivité : un théâtre d'enjeux politiques, un lieu d'intérêts économiques, un territoire à légiférer. Qui pourra aller dans l'espace ? À qui appartiendront les découvertes et ressources qui découlent de cette exploration ?

En 1968, un homme plantait le drapeau américain sur la Lune. Or, si un village lunaire se crée progressivement, voire même un village martien, il faudra probablement éviter toute appropriation nationale. La question des droits de propriété dans l'espace est plus complexe encore depuis l'arrivée de nouveaux acteurs dans l'industrie spatiale : des entreprises privées à l'ambition colossale... Ce phénomène est dénommé NewSpace.

Pour autant, l'humanité n'est pas forcément destinée à répéter inlassablement les mêmes mécaniques de conflictualité qui ont déjà tant éprouvé les civilisations. Si l'histoire de la conquête spatiale est en grande partie celle d'une grande compétition mondiale entre puissances, elle incarne aussi la capacité des humains à s'unir pour une même ambition scientifique. La Station spatiale internationale n'est possible qu'en raison d'une coopération pacifique entre plusieurs pays. « *Les nations et les frontières disparaissent quand il s'agit de faire avancer la connaissance,* affirme la youtubeuse scientifique Florence Porcel. *À celles et ceux qui croient que les humains ne pourront jamais s'entendre malgré leurs différends et leurs différences : c'est faux ! Le spatial, en l'occurrence, est un outil diplomatique hyperpuissant.* »

Dans cette partie, nous allons partir à la découverte de certains programmes spatiaux en nous intéressant aux innovations scientifiques et technologiques appelées à être déployées pour emmener l'humanité dans l'espace. Mais nous allons aussi nous attacher à comprendre les enjeux sociopolitiques et économiques à long terme de ces programmes.

DIDIER SCHMITT

L'AMBITION SPATIALE DE L'EUROPE

L'agence spatiale américaine, la Nasa, est probablement l'organe d'exploration le plus iconique de l'histoire. Le programme Apollo est celui qui a envoyé les premiers humains sur la Lune ; le programme Viking a posé les premiers engins sur Mars ; sans parler des sondes comme Mariner, Voyager, Pioneer qui ont été déterminantes pour la compréhension du système solaire. En 2019, le budget général alloué à la Nasa s'élevait à 21,5 milliards de dollars.

Mais la Nasa n'est pas seule dans l'odyssée spatiale. L'Agence spatiale européenne (ESA), créée en 1975, joue également un rôle crucial. Cette agence intergouvernementale coordonne les projets spatiaux de vingt pays sur le continent européen. Elle collabore également avec les autres agences dans le monde : elle a participé à hauteur de 15 % au télescope spatial Hubble de la Nasa. Sur la Station spatiale internationale, elle est propriétaire du laboratoire Colombus depuis plus de dix ans.

Quant à ses propres programmes, elle est de plus en plus ambitieuse : en 2019, son enveloppe budgétaire a augmenté, passant de 5,60 à 5,72 milliards d'euros. Dans les cartons, certains projets pourraient s'avérer déterminants. Le programme ExoMars devrait déposer sur Mars, en 2020, le rover Rosalind Franklin destiné à chercher des traces d'une vie passée. Le télescope spatial Euclid devrait, de son côté, être lancé en 2022 pour nous en apprendre plus sur l'accélération de l'expansion de l'Univers (et donc potentiellement sur la matière noire).

Didier Schmitt est le coordinateur des programmes d'exploration humaine et robotique pour « Space19+ », c'est-à-dire pour la version 2019 du Conseil ministériel de l'ESA qui se tient tous les trois ans. Au-delà de sa fonction dans l'agence, il a exprimé son intérêt pour la prospective spatiale dans un livre intitulé *Antéversion : ce qu'il faut retenir du futur*, puis au travers de *Scionce 2080*, un roman graphique de fiction scientifique qu'il pilote. Nous avons abordé avec lui le rôle de l'ESA aujourd'hui et les grands projets de l'agence – ceux déjà en route et surtout ceux à venir.

L'ENTRETIEN

Quelles sont les activités historiques de l'ESA dans le domaine de l'exploration spatiale ?

L'ESA travaille depuis des décennies dans le domaine de l'exploration robotique et humaine. D'ailleurs, vous me tendez une perche avec cette première question, car nos activités ne sont pas assez connues de l'opinion publique. Certains exploits sont notables, comme l'atterrissage le plus lointain, en 1997 et jamais égalé à ce jour, avec la sonde Huygens sur Titan, une lune de Saturne. Plus récemment, en 2014, la sonde Philae s'est posée pour la toute première fois sur un astéroïde. Grâce à ces missions, nous avons contribué à une meilleure compréhension de la formation de notre système solaire.

Pour ce qui est de l'exploration humaine, nous avons collaboré avec le programme russe de la station spatiale Mir, mais aussi avec le programme américain de navette spatiale et son laboratoire européen, le Spacelab. Ensuite, nous avons pris part à la Station spatiale internationale dès ses débuts en 1998. Ce qui fait qu'à ce jour, des centaines d'expériences ont été réalisées dans ce laboratoire hors norme par 19 astronautes européens, dont Thomas

Pesquet. Lui et ses prédécesseurs ont permis d'étudier par exemple l'effet de l'impesanteur sur le corps humain ou la formation d'alliages métalliques inédits.

Quels sont les grands projets dans les cartons pour les années à venir ?

Eh bien ça bouge de partout. Rien que durant les derniers mois, il y a eu un atterrissage sur Mars (le lander InSight de la Nasa avec des instruments français et allemand), une sonde Japonaise sur un astéroïde (Hayabusa 2, intégrant aussi des instruments franco-allemands), et l'alunissage de la sonde chinoise Chang'e 4 et de son rover sur la face cachée de notre satellite naturel.

Plus d'une dizaine de telles missions sont d'ores et déjà prévues dans la décennie à venir. Pour ce qui est des vols habités, la Chine accélère le rattrapage de son rang en préparant le lancement de sa propre station spatiale qui devrait être opérationnelle dès 2022. Côté russe, les successeurs des fusées mythiques et vaisseaux habités Soyuz sont en route. La Nasa n'est pas en reste puisqu'elle prépare le premier vol de son méga-lanceur SLS avec sa capsule habitée Orion.

À cette croisée des chemins, la question pour les Européens est de savoir comment rester compétitifs dans des domaines très variés de l'exploration.

Vous êtes le coordinateur de la proposition du prochain programme d'exploration spatiale de l'ESA. En quoi consiste-t-il ?

Précisons pour commencer le mode de fonctionnement de l'ESA. Elle ne fait pas partie de l'Union européenne, c'est une organisation intergouvernementale à part. Tous les trois ans environ, un conseil des ministres des États membres se réunit pour décider des programmes et des engagements budgétaires. La prochaine « réunion ministérielle » sera le sommet européen « Space19+ » en fin d'année et nous nous y préparons dès à présent. Cette échéance est d'autant plus importante que nous sommes véritablement dans un changement de paradigme, que ce soit pour l'exploration robotique ou humaine.

Ce qui est déjà acquis est que, pour la première fois, l'Europe participe à des éléments critiques du vaisseau Orion de la Nasa. En effet, l'ESA, avec les compétences de l'industrie spatiale européenne, fournit la partie propulsive, énergétique et de support-vie (oxygène, eau, contrôle thermique) de ces vaisseaux qui emporteront quatre astronautes vers la Lune. Le rêve de Jules Verne se réalise...

Pour autant, nous ne délaissons pas l'ISS, au contraire. Nous devons nous assurer de pouvoir profiter pleinement de cet investissement et donc maintenir la station jusqu'en 2030. Par contre, la priorité est la diminution du coût des opérations et l'augmentation du nombre d'expériences.

En parallèle, nous prévoyons de participer de façon significative au projet Gateway mené par la Nasa. Il s'agit d'une petite station spatiale qui gravitera autour de la Lune et qui servira de poste avancé pour l'exploration de l'espace lointain et pour préparer le retour sur notre satellite.

Des humains se poseront donc à nouveau sur la Lune d'ici quelques années. À quoi cela servira-t-il d'y retourner, tout ce temps après Apollo ?

On ne le dira jamais assez : Apollo a été un miracle politique, économique et technologique. Ce fut un effort démesuré des États-Unis pour ne pas perdre la face vis-à-vis d'un système communiste (l'URSS) qu'il fallait combattre coûte que coûte. Maintenant, il y a une nouvelle donne... toujours géopolitique. La Chine commence à dévoiler ses plans de base lunaire. La course semble donc inévitable.

Néanmoins, il faut préciser que l'exploration prend vraiment tout son sens à partir de maintenant. Apollo n'était pas tout à fait de l'exploration. Nous allons vers une pérennisation des programmes d'exploration, et la nouvelle compétition ne fera que confirmer cette tendance.

Dans ce contexte, l'Europe a l'ambition de ses moyens. La question est de savoir comment nous positionner dans cette aventure pour ne pas être trop en retrait avec des moyens limités. Comme nous l'avons fait par le passé, il est possible de contribuer à des éléments du puzzle à condition que cela fasse avancer nos compétences technologiques dans des domaines clés. Quand on a moins de moyens que les autres, faire les bons choix est essentiel. C'est le multilatéralisme qui est notre grande force.

Quelle sera la place de la robotique dans tous ces nouveaux programmes ?

Nous allons participer à de futures missions russes d'alunisseurs. Notre contribution est un système de pilotage de précision et un analyseur d'échantillons prélevés par forage robotisé. Mais nous avons encore d'autres appétences ! Nous étudions un concept de gros atterrisseur pour un prélèvement d'échantillon au pôle Sud de la Lune. Nous espérons convaincre d'autres partenaires, comme les agences spatiales japonaise, canadienne et américaine d'y participer. Le Gateway pourra, lui, servir de relais de téléopération.

Nos études les plus avancées concernent une mission de retour d'échantillons martiens. Il s'agit du plus gros défi jamais tenté qui s'étalera sur plus d'une décennie. Un rover martien de la Nasa collectera des échantillons à partir de 2020, et quelques années après un rover de l'ESA les ramassera et les mettra dans une fusée amenée à l'aide d'un autre atterrisseur américain. La capsule envoyée en orbite contenant les échantillons sera happée à l'aide d'un orbiteur spatial européen pour être ramenée sur Terre au début des années 2030.

L'un des grands projets de l'ESA, c'est ExoMars, avec son rover Rosalind Franklin. Quelle sera la spécificité de cette mission ?

Si tout va bien, le rover du projet ExoMars devra en effet quitter la Terre sur un lanceur russe en 2020. C'est un projet fastidieux de longue haleine, commencé il y a près de 20 ans. Son originalité et de pouvoir détecter des traces de vie directement avec ses analyseurs embarqués, en forant à 2 mètres de profondeur. À l'endroit choisi, la roche est connue pour être vieille de 3,5 à 4 milliards d'années, période pendant laquelle il y avait de l'eau à l'état liquide sur Mars…

Et c'est là que la mission ExoMars est unique, car toute trace de vie, si elle a existé, ne sera détectable qu'à plus d'un mètre de profondeur du fait des radiations. Les échantillons collectés par le rover de la Nasa le seront à faible profondeur, car l'objectif est la géologie et non la biologie, ou alors très indirectement.

Toutes ces planifications annoncées sont-elles fiables malgré les aléas politiques ?

C'est vrai, il y a des impondérables sérieux dont nous devons tenir compte. Nous étudions toujours des plans B… Mais la meilleure façon de garder des grands projets en vie est justement la coopération internationale. Et c'est bien l'attrait de ces défis qui dépasse même les plus grands pays.

Cela nous oblige à regarder au-delà de nos différends politiques, et donc idéologiques, pour des objectifs souvent multigénérationnels qui ont un intérêt pour l'humanité. Pour moi, l'exploration reste un pacificateur malgré les aspects de compétition, puisque sans concurrence nous n'irions pas forcément aussi vite, ni aussi loin…

Vous avez aussi travaillé dans le secteur spatial au cœur de la diplomatie de l'UE, au Service européen pour l'action extérieure. Avez-vous rencontré des difficultés en faisant le pont entre les enjeux scientifiques et politiques ?

Oui et non. En Europe, certains politiques s'intéressent trop souvent à l'exploration *a posteriori*… pour la photo avec un astronaute. Dans la plupart des pays européens, les agences nationales, par délégation de leurs tutelles ministérielles respectives, sont les interlocuteurs de l'ESA pour préparer les propositions de programme. Nous n'avons pas de tutelle politique directe, sauf lors des conseils au niveau ministériel comme en 2019. En fait, les priorités sont somme toute bien alignées : la science et le savoir, l'innovation technologique, et l'inspiration pour les générations à venir. On retrouve ces éléments aussi chez nos partenaires internationaux. Mais sur le fond, il en est tout autrement...

Aux États-Unis, les vols spatiaux humains sont restés un enjeu de puissance, et le spatial en général un instrument de domination. Rappelons que l'ISS était avant tout un projet politique de stabilisation de la Russie dans un leadership américain global. La justification scientifique n'est venue que dans un deuxième temps. La Chine, elle aussi, joue gros dans l'exploration spatiale, car elle veut d'abord réparer une anomalie de son histoire et devenir une grande puissance. Elle doit se mesurer aux États-Unis, pour probablement les dépasser par la suite, comme c'est son intention dans tous les autres domaines technologiques.

Les nouveaux acteurs sont eux aussi à la recherche de notoriété, comme l'Inde ou les Émirats arabes unis ; la première en voulant développer ses propres capacités d'accès à l'espace pour les vols habités, et les seconds en ayant un astronaute à bord de l'ISS et un orbiter autour de Mars.

De quelle façon la diplomatie entre-t-elle en ligne de compte ?

L'ISS est une infrastructure internationale assez similaire au CERN (Organisation européenne pour la recherche nucléaire) ou à ITER (Réacteur thermonucléaire expérimental international). Elle fut mise en place par un accord intergouvernemental entre les États-Unis, la Fédération de Russie, le Japon, le Canada et dix pays européens membres de l'ESA. Cela montre bien que l'exploration humaine est un acte politique et qu'elle le sera encore davantage dès lors que nous irons plus loin dans le système solaire.

Il faut rappeler que la Nasa s'occupe presque exclusivement d'exploration et qu'elle rapporte directement au Président. Cela veut tout dire ; les stratégies sont visées, sinon décidées, au plus haut niveau. De plus, le nouvel administrateur de la Nasa est un politicien de carrière. Nous ne devons pas rester en rade, afin de peser plus dans les discussions internationales.

L'Europe fut à l'origine de la création d'un forum sur l'exploration qui a réuni 45 représentants de gouvernements lors de sa dernière rencontre au Japon, il y a un an. Ce fut l'occasion d'affirmer nos positions, entre autres que l'espace est un bien commun. Cette notion n'est pas partagée outre-Atlantique... À mon sens, la Lune, les astéroïdes ou Mars, ce n'est pas le Far West, il faut œuvrer à un juste équilibre entre exploration et exploitation.

L'ESA est-elle dans une dynamique de rivalité ou bien de collaboration avec des acteurs privés tels que SpaceX ?

Le NewSpace, c'est essentiellement le secteur commercial privé américain qui a été subventionné de longue date. L'une des raisons est de permettre l'apparition de nouveaux acteurs afin de stopper l'hégémonie des industries aérospatiales américaines traditionnelles qui pratiquent des prix exorbitants.

Ce faisant, ces nouveaux acteurs peuvent maintenant s'attaquer à tous les pans du marché mondial du spatial. Cela nous oblige à réagir. Mais nous n'avons pas attendu cette soi-disant tendance pour innover : la société française SPOT Image était la première dans la commercialisation d'imagerie satellitaire et Arianespace la première société à se frotter au marché mondial des lanceurs... au début des années 1980. Ce qui change depuis quelques années, c'est le grand nombre de nouveaux acteurs et la vitesse à laquelle se développent les nouvelles opportunités de niches commerciales.

Pour nous Européens, le risque est grand, car nous n'avons pas cette agressivité de domination politique et commerciale qui existe outre-Atlantique. Il est vital de garder notre autonomie stratégique dans tous les secteurs du spatial, de l'observation à la navigation et aux télécommunications, et bien évidemment pour les lanceurs. Mais revenons à l'exploration. Aux États-Unis, certains fortunés des GAFAM (Google, Apple, Facebook, Amazon, Microsoft) se sont lancés dans la course à l'espace. Et c'est bien la volonté des individus qui prime. Mais il ne faut pas s'y tromper, le business est toujours présent, car ils sont largement subventionnés par le département de la défense et la Nasa.

C'est ainsi que d'ici la fin d'année, les prochains astronautes, y compris européens, iront sur l'ISS avec ces sociétés privées, sous contrat gouvernemental américain. En Europe, nous n'avons pas de milliardaires qui veuillent investir dans le spatial. Néanmoins, l'ESA et ses États membres sont également en faveur du développement d'un secteur commercial, entre autres pour l'utilisation de l'ISS.

Quel sera, d'après votre estimation, le prochain grand pas que connaîtra l'humanité dans l'exploration spatiale ? À quel horizon ?

Ce qui est une certitude, c'est que la compétition sino-américaine va provoquer un bond en avant de l'exploration. Le secteur privé américain va surfer sur cette vague pour développer le tourisme spatial. À moyen terme, il sera possible d'acheter un ticket pour l'ISS. Chose que les Russes étaient les premiers à faire il y a 10 ans.

À plus long terme, des compagnies américaines proposeront, j'en suis sûr, un tour de la Lune, et certainement un alunissage au plus offrant d'ici 30 ans. La divergence croissante entre les revenus rend cela plus que plausible. Mon avis personnel est que l'éthique de telles possibilités est discutable. Toute trace sur la Lune est indélébile...

Que représente de nos jours le coût économique de la recherche et du développement spatial à l'échelle européenne ?

Il faut différencier plusieurs sources. Vingt-deux pays européens ont un budget spatial dont une partie, voire la totalité pour certains, va à l'ESA. La France y contribue à hauteur de la moitié de son budget spatial. Le budget annuel propre de l'ESA, provenant des États membres, s'élève ainsi à quatre milliards, et cela comprend tous les aspects du spatial déjà cités. Ensuite, il existe un budget séparé au niveau de l'Union européenne, qui est de l'ordre de deux milliards par an pour des programmes applicatifs (Copernicus pour l'observation de la Terre et Galileo pour la navigation), mais ces programmes sont gérés par délégation au niveau de l'ESA. Oui, l'Europe est compliquée, mais elle n'a pas de prix !

Au total, ce sont des grands chiffres, bien entendu, mais dix fois inférieurs à ceux des États-Unis, alors que nos produits intérieurs bruts (PIB) sont équivalents... Le budget annuel pour l'exploration à l'ESA est inférieur à 600 millions ; c'est moins que l'accélérateur de particules du CERN pour la recherche du boson de Higgs. Cela représente 0,0035 % du PIB européen.

Une autre façon de relativiser est de dire que les programmes d'exploration de l'ESA coûtent à chaque citoyen l'équivalent d'un café par an ! Cela vaut le jus, si je peux me permettre. En fait, nous sommes constamment en contrainte budgétaire (c'est un café sans sucre) par rapport à nos concurrents, mais l'avantage est que nous sommes contraints d'être bien plus ingénieux et plus efficaces.

À quoi pourraient ressembler de futures « colonies spatiales » ?

J'ai abordé le sujet de l'avenir de l'exploration d'ici la fin du siècle dans un des chapitres de mon livre d'anticipation *Antéversion : ce qu'il faut retenir du futur*.

Pour ce qui est des colonies, je n'ai pas poussé ma réflexion aussi loin. Je pense que nous sommes trop imbibés par les scénarios irréalistes d'Hollywood. S'ajoutent à cela les annonces répétées et farfelues de pouvoir débarquer une centaine de personnes sur Mars d'ici cinq ans avec des initiatives privées.

La physique est malheureusement le facteur limitant à tous ces rêves. Pour amener une vingtaine de tonnes autour de la lune, il faut une fusée qui pèse environ cent fois plus, et vous ne pourrez alunir que quelques tonnes de charges utiles. C'était bien le défi d'Apollo. Alors, imaginez quelle énergie il faudrait pour installer une colonie, qui plus est sur Mars, dont l'ordre de grandeur est plus ambitieux que sur la Lune. Bien sûr il est possible d'extraire quelques ressources une fois sur place, comme récupérer l'eau souterraine sur Mars et utiliser le régolite pour la construction. Encore faut-il avoir les outils... même imprimés en 3D. Ce ne sera pas pour tout de suite.

Essayons alors de nous prêter au jeu d'une anticipation à plus long terme. Si des colons arrivent sur une planète, comment déterminer au mieux où va la propriété de ce nouveau territoire et de ses ressources ? Cela doit-il par exemple dépendre de la nationalité des premiers arrivants ? Qu'en est-il s'ils représentent une société privée ?

Des colonies lunaires auraient peu d'intérêt, hormis des séjours touristiques très haut de gamme. La seule planète où l'on puisse survivre, c'est Mars. Sachant que ces colonies martiennes verront la Terre comme un point bleu minuscule et qu'il faudra plusieurs minutes entre chaque communication. Leurs occupants décideront tout naturellement de devenir complètement autonomes. La nationalité n'a aucun intérêt, on sera martien, plus terrien. Pas question d'être sous un joug politique ; pourquoi s'encombrer ?

J'ai une petite expérience dans ce domaine, car j'ai eu l'occasion de séjourner sur deux bases en Antarctique, dont l'une est l'endroit le plus isolé au monde. J'y ai vécu un phénomène étrange qu'est la coupure quasi instantanée avec la vie d'avant. En effet, une autarcie s'installe de suite et l'on a bien l'impression d'être dans une colonie sur une autre planète, à tout point de vue : l'immensité, l'inaccessibilité, le confinement, les conditions extrêmes, et l'instinct de survie en se tenant les coudes. Concernant les intérêts privés, j'avoue que ce sera un réel casse-tête et source de conflits.

La grande question reste de savoir pourquoi. Pourquoi irait-on ailleurs, où l'on ne peut vivre qu'une fraction de ce que l'on peut réaliser sur Terre ? L'Antarctique, on y va pour une unique expérience – comme toute expérience, elle ne doit pas s'éterniser. Alors, pour quelle raison irait-on établir une microsociété sur Mars ?

Imaginez que vous soyez dans un désert tellement extrême que vous ne pouvez sortir de chez vous qu'en scaphandre (c'est un peu le cas en Antarctique). Il est à prévoir que l'on s'en lasse.

BERNARDO PATTI

DESTINATION LUNE

Cinquante ans après le premier pas de Neil Armstrong sur la Lune, en 1969, notre bien-aimé satellite est en passe de redevenir un enjeu de premier plan et s'apprête à faire office d'étape intermédiaire entre l'orbite terrestre déjà « colonisée » et une première expédition sur Mars. L'astronaute Thomas Pesquet affirmait lui-même, lors du Salon de l'aéronautique et de l'espace du Bourget en juin 2019, qu'il aimerait aller sur la Lune. « *La Station spatiale internationale, c'est déjà un peu un autre monde mais cela reste proche. La Lune, c'est complètement dingue, il n'y a pas de vie, c'est complètement différent* », déclarait-il à l'Agence France-Presse.

Le projet Artémis

Depuis 1972 et la mission Apollo 17, aucun humain n'est retourné sur la Lune. Une fois la démonstration de force accomplie, cette destination rencontrait beaucoup moins d'intérêt aux yeux des dirigeants politiques et même d'une partie de la communauté scientifique. Le public avait également perdu le goût de cette odyssée. Mais nous assistons aujourd'hui au grand retour de la « destination Lune ». La Nasa ambitionne de fouler à nouveau le sol lunaire en 2024, dans le cadre d'un programme nommé Artémis (du nom de la déesse de la Lune dans la mythologie grecque). Une base permanente devrait ensuite être installée aux alentours de 2028. La première étape du projet est le Lunar Orbital Platform-

Gateway, que nous avons déjà évoqué en introduction puis avec Didier Schmitt. Ce « portail » sera installé en orbite lunaire, afin de relancer l'exploration de notre satellite : pas moins de 12 projets scientifiques seront menés afin de mieux comprendre les spécificités physiques de la Lune. Mais le projet est aussi de faire du Gateway un avant-poste pour l'exploration humaine du système solaire. Dans un communiqué publié en juillet 2019, la Nasa explique textuellement que les efforts envers la Lune « *ne sont pas une conclusion, mais plutôt une préparation pour tout ce qui se trouve au-delà* ». Dans ce même texte, il est tout aussi clairement indiqué que l'un des buts de ce programme est de préparer le terrain pour Mars.

Bernardo Patti est, à l'Agence spatiale européenne, le directeur des opérations spatiales de l'ISS et du programme d'exploration. Ce rôle fait de lui le négociateur en chef du partenariat de l'agence avec le projet Artémis. Il détaille dans *Anticipation* cette nouvelle étape lunaire historique et le rôle que l'Europe compte y jouer.

L'ENTRETIEN

Jusqu'à quel point l'Agence spatiale européenne va-t-elle s'investir dans la mission du Gateway ?

Le Lunar Gateway n'est pas une mission en soi mais une infrastructure, comme l'ISS. Elle sera assemblée à travers plusieurs missions et rendra possible ensuite un accès pérenne à la surface lunaire. Par analogie aux missions Apollo, il s'agit d'un module de contrôle permanent orbitant autour de la Lune. Ce staging post (étape intermédiaire) pourra ainsi faciliter l'accès de différents véhicules vers cette station sans nécessiter obligatoirement un lanceur lourd comme le Space Launch Vehicule de la Nasa.

En principe, Ariane 6 pourrait aussi être considérée pour aller ravitailler cette station. Du point de vue de la structure, l'ESA compte participer de façon significative à cette initiative avec la fourniture de deux modules. Mais ceci est encore en discussion.

Quelle est la différence entre l'ISS et cette nouvelle station en matière d'utilité scientifique ?

Les expériences réalisées sur le Gateway seront celles impossibles à faire dans l'ISS. Durant les premières années il n'y aura qu'un seul voyage par an de Orion [véhicule spatial destiné à transporter un équipage], avec un séjour court de quelques semaines à bord du Gateway. Ce sont des missions plus onéreuses par rapport aux vols vers l'ISS et il faudra choisir judicieusement les expériences. Le Gateway a beaucoup de particularités : la station permettra de tester des équipements pour préparer des missions de très longue durée ; d'étudier en détail les radiations qui y sont bien plus intenses ; de réaliser des opérations de télémanipulations robotique sur la Lune ; de collecter et de ramener des échantillons depuis la surface lunaire. Ultérieurement, le Gateway servira de base pour des aller-retours de missions humaines.

La science a toujours plus de questions que de réponses, et nous avons du chemin à faire avant de pouvoir envoyer des équipages sans trop de risques vers Mars.

Comment va s'organiser la construction de cette station ?

Même si elle est dix fois plus petite que l'ISS, la station est bien trop grosse pour être déployée et assemblée en une seule mission. Son assemblage fera l'objet de plusieurs vols avec le vaisseau Orion, ou de façon automatique. Le vaisseau Orion est composé de deux parties : une capsule ressemblant fortement à celle d'Apollo, avec quatre membres d'équipage, et son module de service européen.

Les procédés de fabrication et les matériaux devront tenir compte d'une contrainte logistique totalement différente par rapport à l'orbite basse terrestre où se trouve l'ISS. Cela aura un gros impact sur le besoin d'autonomie du Gateway, car la plupart du temps elle sera sans équipage à bord. La Lune est à trois jours de vol (à 40 kilomètres par seconde !) alors que l'orbite de l'ISS peut être atteinte en moins d'une demi-heure.

L'ancien nom du projet était Deep Space Gateway, donc cela désigne un « portail sur l'espace lointain ». Comment, et sur quelle échelle temporelle, cette station pourra-t-elle ouvrir la voie à une exploration spatiale plus large ?

Le concept de portail sur l'espace lointain est maintenu. Le désir de ne mentionner que la Lune répond peut être au besoin de privilégier l'objectif immédiat par rapport à l'objectif de long terme, de façon à introduire une urgence dans l'initiative.

Il est clair que les futures missions d'exploration (vers Mars et au-delà) auront besoin d'utiliser la capacité d'assemblage dans l'espace, tant les véhicules spatiaux seront grands et impossibles à lancer d'une seule pièce depuis la surface de la Terre. L'orbite du Gateway possède des caractéristiques énergétiques qui sont aptes à optimiser les trajectoires et donc la consommation de carburant.

Il est facile de prévoir que le Gateway sera utilisé comme lieu d'assemblage de grands vaisseaux spatiaux habités, lesquels entreprendront par exemple des voyages vers Mars.

Des pistes sont-elles actuellement explorées pour concevoir un système de gravité artificielle au sein d'une station de ce type ? Si oui, à quel horizon peut-on estimer que cela soit applicable ?

L'absence de pesanteur est, au long terme, un grand ennemi de la santé des astronautes. En impesanteur, les efforts physiques que les astronautes doivent faire sont minimes.

Leur corps, et en particulier leur système cardiovasculaire, s'habitue à cette nouvelle condition, avec comme conséquence de générer des séquelles qui peuvent êtres irréversibles. Sans compter l'effet néfaste des radiations qui sont bien plus importantes qu'à bord de l'ISS en orbite terrestre.

Un système de gravité artificielle répond à l'exigence de générer un environnement où les astronautes puissent conserver leurs capacités physiques. Construire un système de gravité artificielle est très lourd et compliqué à mettre en œuvre. C'est pour cette raison que les médecins et ingénieurs ont identifié une solution pragmatique qui consiste à embarquer des équipements pour les contre-mesures.

Cela demande du temps d'exercice physique (bicyclette ergométrique, tapis roulant, rameurs...), mais ce temps est absolument nécessaire pour le maintien de l'efficience physique. Il n'y aura personne pour aider les astronautes, une fois arrivés sur Mars, contrairement à ceux qui reviennent de l'ISS avec un soutien médical impressionnant.

Quelles sont les prochaines grandes évolutions et innovations appelées à être déployées concernant la vie quotidienne des astronautes ? Par exemple, l'ESA développe-t-elle des nouvelles façons de se nourrir, des combinaisons aux caractéristiques innovantes ?

Les prochaines missions lunaires seront relativement courtes. Elles consisteront d'abord en des missions de test du véhicule Orion, et seront suivies pas des missions durant lesquelles le Gateway sera assemblé. Durant ces périodes, les conditions de vie seront semblables à celles que les astronautes ont connues durant les premières missions sur l'ISS quand le volume habitable était relativement petit.

Psychologiquement, la différence résidera dans la distance par rapport à la Terre. Il faut rappeler que sur l'ISS les astronautes peuvent évacuer le vaisseau et rejoindre la Terre en trois heures. Pour le Gateway il est question de trois jours. Par conséquent, le degré d'autonomie que les astronautes devront gérer sera beaucoup plus important. Leur connaissance du véhicule et leur capacité à le maîtriser, voire même à le réparer, devront être supérieures. En ce qui concerne leur alimentation, il est clair que les contraintes logistiques associées à la distance vont se traduire en une palette plus réduite que sur l'ISS.

Les missions humaines de surface qui suivront éventuellement seront, elles aussi, de relative courte durée. Les atterrisseurs devront d'abord être testés, puis les infrastructures de surfaces déployées en avance. Ces appareils seront « pionniers » en prévision des missions durant lesquelles les astronautes feront des sorties avec des scaphandres, qui les protégeront de l'environnement hostile de la Lune et surtout de la poussière lunaire. Il y aura aussi des véhicules pressurisés pour des déplacements de plusieurs jours.

Pour le moment, une installation lunaire comme le Gateway semble destinée exclusivement à des scientifiques, par ailleurs très entraînés. Est-ce crédible d'imaginer des stations accessibles à tous, comme on en voit dans la science-fiction ?

Souvent plus tôt que tard, la science-fiction devient réalité. Tout se fera progressivement et l'accès généralisé à l'espace sera dépendant de la réduction des coûts de transport de la surface vers l'orbite terrestre.

Nous n'en sommes pas là pour l'ISS et l'orbite basse, et il faudra encore de la patience pour la Lune. La vulgarisation du vol aérien et les compagnies low cost ont mis des décennies à se développer. Il est prévisible que la démocratisation des vols spatiaux prendra du temps mais on y arrivera.

Représentation d'une vue depuis les quartiers d'habitation de la station spatiale lunaire. (Image : ESA / Poster officiel)

Modélisation du Lunar Orbital Platform-Gateway.
(Image : Nasa / domaine public)

Simulation d'une base lunaire. (Image : ESA / P. Carril / domaine public)

TANYA HARRISON
LE BOULEVERSEMENT DU NEWSPACE

Depuis le début du XXIe siècle, un nouveau type d'acteurs est en train de reconfigurer l'industrie spatiale : les entrepreneurs privés. Ce phénomène a pris une telle ampleur qu'un nouveau terme a émergé pour le définir : le NewSpace (littéralement « nouvel espace »). Ces acteurs privés placent le développement de lanceurs réutilisables au cœur de leur recherche et de leur communication. Un lanceur est une fusée qui permet d'envoyer dans l'espace divers engins, comme des satellites ou des modules d'exploration, pour les placer en orbite.

Le fait est que, depuis les débuts de l'odyssée spatiale, ces lanceurs se détruisent dès leur première utilisation… Ce qui implique un coût financier faramineux. Et ce coût est un frein de taille à une véritable entrée dans l'ère spatiale. Développer des lanceurs réutilisables s'avère donc être une étape dont on ne peut faire l'économie.

SpaceX et Blue Origin

Le représentant le plus connu du NewSpace est évidemment Elon Musk avec son entreprise SpaceX. Il n'a jamais caché son ambition de déployer un vol habité vers Mars le plus tôt possible. L'entrepreneur fait régulièrement parler de lui avec des déclarations spectaculaires, annonçant des dates très proches comme 2024, ou expliquant qu'il désire aller lui-même sur la planète rouge et y mourir (mais « *pas en se crashant* », avait-il précisé !). L'objectif au long terme de Musk est d'y établir une colonie d'un million d'humains d'ici 2060.

En ce qui concerne la conception des lanceurs réutilisables, SpaceX alterne les réussites et les déconvenues, ce qui démontre à la fois la puissance de l'entreprise mais aussi l'ampleur des difficultés à surmonter pour atteindre ses ambitions. À cette image, en 2019, trois fusées Falcon Heavy ont mis en orbite un satellite de télécommunication, et celles-ci ont pu être récupérées à leur retour. Enfin, presque. L'un des lanceurs s'est posé en mer, sur un bateau drone, a priori sans encombre… Sauf que les éléments se sont ensuite déchaînés jusqu'à ce que la houle empêche définitivement de ramener la fusée saine et sauve à bon port. L'exploit n'en demeure pas moins historique dans le domaine de la propulsion spatiale.

L'une des grandes concurrentes à SpaceX est l'entreprise Blue Origin, fondée par Jeff Bezos (aussi propriétaire et fondateur d'Amazon). En page d'accueil du site de l'entreprise, l'objectif affiché est de rendre l'espace plus accessible, en abaissant les coûts grâce à la réutilisation des engins de lancement. En faisant défiler la page quelques instants, nous pouvons lire que « *pour préserver la Terre, notre foyer, pour les petits enfants de nos petits enfants, nous devons aller dans l'espace pour tirer profit de ses ressources illimitées et de son énergie* ». L'ambiguïté du projet d'une société privée comme Blue Origin est bien là. Dans la communication, l'idée d'un projet de société bénéfique pour toute l'humanité est mise en avant. Mais le principe d'exploitation économique de l'espace n'est pas nié non plus.

C'est un risque régulièrement évoqué quant au développement du NewSpace : une appropriation de l'odyssée spatiale par des intérêts purement privés. La science-fiction ne se prive pas de décrire des futurs où de titanesques corporations sont propriétaires de planètes entières, dont elles pompent les ressources jusqu'à la moelle, sans plus aucune structure publique d'encadrement à cette frénésie. Pour l'instant, le secteur privé travaille main dans la main avec le secteur public. Et il faut avouer que cette collaboration équilibrée est assez fructueuse. Le vaisseau cargo Dragon, de SpaceX, est utilisé par la Nasa pour ravitailler la Station spatiale internationale. Parallèlement, l'agence finance SpaceX (et Boeing, une autre société aéronautique privée) depuis des années à hauteur de plusieurs milliards de dollars. En un sens, l'un ne peut pas se passer de l'autre et inversement. Cette interdépendance ne fait que s'accroître. Dans le cadre de son projet Artémis, la Nasa a lancé l'initiative Commercial Lunar Payload Services : des contrats avec toute une série d'entreprises privées auxquelles la Nasa va sous-traiter les cargos de transport lunaires.

L'immixtion du privé dans ce secteur peut s'incarner aussi dans le tourisme spatial. La Station spatiale internationale ouvrira ses portes à des activités commerciales à partir de 2020. Il semblerait alors que des entreprises comme SpaceX et Boeing pourront faire séjourner des touristes pendant trente jours sur l'ISS. Cette industrie pourrait connaître rapidement une forte expansion. La compagnie Virgin Galactic s'y consacre même entièrement, en développant des technologies adaptées à la vente de vols suborbitaux au grand public.

Tanya Harrison est une spécialiste de ce domaine, puisqu'elle dirige la recherche à la NewSpace Initiative de l'Université d'Arizona (États-Unis). Cette unité vise à développer des partenariats entre les milieux académiques et les entreprises commerciales pour générer un « effort collaboratif ». Tanya Harrison travaille donc à l'intersection entre le public et le privé. Elle a également une haute expertise scientifique : planétologue spécialisée en géologie martienne, elle a collaboré à la conception des rovers d'exploration Opportunity et Mars 2020.

L'ENTRETIEN

Pourriez-vous nous expliquer quel est exactement votre travail à la NewSpace Initiative de l'Université d'Arizona ?

Cette initiative vise à former des partenariats entre des entreprises aérospatiales et l'université, afin qu'elles travaillent ensemble sur des innovations dans les sciences et technologies du spatial. Mon rôle en tant que directrice de recherche est d'effectuer une veille informationnelle du paysage industriel et du paysage académique. Je me penche sur les points communs pour ensuite mettre en contact les entreprises et chercheurs concernés. Je recherche également des opportunités de financement appropriées via lesquelles ils peuvent collaborer.

Quelles sont les caractéristiques du NewSpace ? En quoi est-ce une nouveauté par rapport à l'ancienne ère spatiale ?

Le NewSpace fait généralement référence à la cohorte de compagnies aérospatiales apparues ces dix ou quinze dernières années. Elles changent les règles du jeu dans les sciences et technologies spatiales. Ce sont des compagnies comme SpaceX et Rocket Lab, qui cherchent à réduire de façon significative les coûts de lancement et à démocratiser l'accès à l'espace. En seulement dix ans d'existence, la société Planet Labs, basée à San Francisco, a réussi à lancer la plus grande constellation de satellites au monde. Des entreprises de télécommunication comme OneWeb et Astranis travaillent à connecter le monde entier à internet.

Et toutes ces compagnies ne fonctionnent qu'avec une simple fraction du coût de leurs prédécesseurs. C'est une véritable révolution dans la façon dont les affaires fonctionnent dans le domaine spatial (et tout ce qui gravite autour).

Le NewSpace est-il davantage un processus historique ou bien une philosophie de l'exploration ?

Le NewSpace est avant tout une nouvelle façon de penser. Traditionnellement, tout ce qui touchait au spatial était perçu comme lent et cher. Aucune tolérance pour l'échec. Les éléments étaient conçus trop minutieusement et se révélaient plus durables qu'escompté.

La manière de penser du NewSpace a renversé tout cela, en opérant dans un environnement plus souple où les « échecs » sont considérés comme des expériences d'apprentissage. Les attentes envers les compagnies privées et les structures gouvernementales diffèrent. Le gouvernement est responsable devant la population qui paye des impôts, tandis que les compagnies privées disposent de bien plus d'autonomie et de liberté. L'échec est donc vu différemment dans ces deux sphères.

Sommes-nous entièrement entrés dans l'ère du NewSpace ? À quoi ressemblerait un âge d'or de ce mouvement ?

Je dirais que nous en sommes toujours aux balbutiements de l'ère du NewSpace. Pour véritablement entrer dans son âge d'or, il nous faudrait un modèle économique durable pour le commerce spatial. Les télécommunications, les systèmes de lancement et l'observation de la Terre sont actuellement les principales activités de ce secteur, mais nous devons développer d'autres industries et modèles économiques pour que le NewSpace prospère vraiment.

Justement, avez-vous des idées de nouvelles formes d'industries et de modèles économiques ?

Le tourisme spatial en est un exemple. On peut aussi citer les études pharmaceutiques menées sur la Station spatiale internationale. Ces dernières visent à exploiter les spécificités du milieu spatial, pour des applications bénéfiques à la vie que ce soit dans l'espace ou sur Terre. Mais, en dehors de l'abaissement des coûts de lancement, les perspectives d'évolution du NewSpace restent incertaines.

De nos jours, le secteur privé et le secteur public travaillent ensemble. Mais leurs approches sont-elles compatibles sur le long terme ? Des différences insurmontables ne risquent-elles pas de briser ce partenariat ?

Elles sont sans aucun doute compatibles, mais je pense que le secteur public pourrait apprendre beaucoup du privé en termes de coût et d'évaluation des risques. La plus grande différence possiblement insurmontable est la souplesse. Tout ce qui implique le gouvernement est par nature lent et peu flexible. Le système de lancement de la Nasa en est un bon exemple. Je doute que le secteur gouvernemental ait le moindre potentiel de souplesse.

Les dystopies mettent souvent en scène des mégacorporations qui possèdent des planètes entières et leurs ressources. Existe-t-il un risque pour que, dans le futur, l'exploration spatiale soit dominée par des monopoles ?

C'est une inquiétude totalement valide. Cependant, cela prendrait des siècles de développement technologique pour qu'un réel monopole de ce type puisse émerger. Il faudrait que ces entreprises s'inscrivent dans une stratégie à très long terme.

La planète Mars semble être au centre de l'attention de nombreux projets du secteur privé. Pourquoi est-elle si importante pour ces entreprises ?

Mars attire notre attention car, en dehors de la Terre, c'est l'une des meilleures candidates pour avoir accueilli la vie. Nous pouvons affirmer que dans le passé s'y trouvaient des rivières et des lacs, possiblement un océan, des volcans en activité et davantage. Elle réunit également tous les ingrédients nécessaires à la vie et on y trouve de l'eau sous forme de glace. Pour autant, nous n'y avons trouvé aucune preuve de vie. Découvrir si Mars a pu accueillir la vie autrefois est une question fondamentale à laquelle nous essayons de répondre.

Nous avons la technologie pour nous aider à vivre sur Mars. Cela dit, nous avons encore beaucoup à apprendre sur les manières de vivre durablement sur Terre et dans l'espace, avant que nous puissions vivre sur Mars au long terme avec succès. Être dans un environnement aux ressources extrêmement limitées signifie qu'il sera nécessaire d'être capable de réutiliser, réemployer ou recycler autant que possible.

Pensez-vous que le secteur privé puisse réellement démocratiser l'accès à l'espace, comme certaines entreprises l'annoncent ?

Je pense que le secteur privé peut démocratiser l'accès à l'espace en baissant les prix de lancement et en les rendant ainsi plus accessibles à davantage de pays et d'entreprises. SpaceX a déjà réussi à baisser les prix de façon significative avec Falcon 9 et Falcon Heavy, tandis que des lanceurs plus modestes, comme Rocket Lab, changent la donne en termes de coût et d'accessibilité dans l'envoi de petits satellites en orbite.

MICHELLE HANLON
PROTÉGER LE PATRIMOINE SPATIAL

Afin d'éviter un futur où l'odyssée spatiale se transformerait en une colonisation effrénée dénuée de toutes limites, il serait peut-être bénéfique d'instaurer un cadre novateur en matière légale. À qui appartient un caillou trouvé sur Mars par un Américain ? Comment éviter la détérioration des environnements spatiaux explorés ? Pouvons-nous étendre le patrimoine mondial de l'humanité au-delà de l'atmosphère terrestre ? Que dit aujourd'hui la loi, et comment l'améliorer pour demain ?

Toutes ces problématiques sont la spécialité de Michelle Hanlon, avocate et chercheuse en droit spatial. Elle dirige la section Air and Space Law de l'Université du Mississippi, et siège au Comité international de la National Space Society.

Son engagement est plus large encore, puisqu'elle a fondé For All Moonkind. Cet organisme à but non lucratif s'est donné pour objectif de protéger les sites lunaires sur lesquels des équipages se sont posés. L'idée est de défendre l'existence d'un véritable patrimoine culturel dans l'espace, qu'il s'agit donc de préserver.

Mais sur le fond, la vision de Michelle Hanlon va bien au-delà de notre satellite. La mission qu'elle revendique consiste surtout à faire prendre conscience du fait que l'espace constitue un environnement à part entière, qu'il faut protéger autant que la Terre. Nous avons discuté avec elle des grands enjeux juridiques qui traversent l'odyssée spatiale, essentiellement par le prisme des solutions.

L'ENTRETIEN

Quels sont les grands principes qui régissent aujourd'hui la propriété et le commerce dans l'espace ? Où se situent les vides juridiques à combler ?

Le Traité de l'espace de 1967 est souvent pris en référence comme la Magna Carta du droit spatial [la Magna Carta est une loi constitutionnelle britannique datant de 1215]. L'article 1 dispose clairement que l'espace, y compris la Lune et les autres corps célestes, est le domaine commun de toute l'humanité et qu'il doit donc rester libre d'exploration et d'usage par tous les États. L'article 2 du traité est tout aussi clair sur le fait que l'espace, toujours y compris la Lune et tout autre corps céleste, ne peut être sujet à l'appropriation nationale par déclaration de souveraineté, que ce soit par l'usage, l'occupation ou tout autre moyen.

Le Traité de l'espace ne couvre que les activités des États. Cela dit, l'article 4 est sans équivoque quant au fait que les États doivent s'assurer que les activités de leurs ressortissants sont en conformité avec le traité.

Par conséquent, la question est : quels droits peut avoir un individu ou une entreprise sur les ressources spatiales ? Les États-Unis et le Luxembourg ont adopté des lois nationales en faveur de l'idée que des entreprises puissent procéder à des extractions [dans l'espace], et revendiquer des droits de propriété sur les ressources ainsi obtenues.

Aujourd'hui, la question à laquelle fait face la communauté spatiale internationale est de savoir si un cadre international pour l'utilisation des ressources spatiales a besoin d'être mis en oeuvre ou non. Le problème est que, bien que l'extraction et l'usage des ressources spatiales soient clairement à l'horizon, nous n'avons pas une idée très précise des évolutions possibles de ces pratiques. Or, il est difficile de créer un cadre légal quand on ne sait pas vraiment ce qu'on essaye de réguler.

Est-il possible d'adapter les concepts juridiques terriens à l'espace ?

La différence fondamentale avec le modèle terrestre est qu'il ne peut y avoir de concept de propriété souveraine dans l'espace. Par conséquent, il ne peut exister de registre de propriété nationale. Certains suggèrent de créer un modèle basé sur le Traité de l'Antarctique ou la Convention sur le droit de la mer.

Toutefois il y a deux différences majeures à prendre en compte. La première : contrairement aux océans et au Pôle Sud, l'espace est infini. La seconde : il sera très difficile de contrôler les activités spatiales et de faire appliquer des règles. Les juristes en droit spatial doivent donc nécessairement s'éloigner des concepts terrestres lorsqu'il s'agit d'aborder cette nouvelle frontière.

For All Moonkind est reconnu par le Comité des Nations Unies pour l'utilisation pacifique de l'espace extra-atmosphérique. Qu'est-ce qui a motivé la création de cette fondation et quel est son rôle ?

Une déclaration de Jan Woerner [ancien directeur de l'agence aérospatiale allemande] m'a fait penser au patrimoine humain dans l'espace. Lors d'une réunion, en Chine, en 2016, il a déclaré à la presse : « *Parfois je fais la blague : bon, et si on organisait une mission européenne pour aller sur la Lune et ramener le drapeau américain ?* ».

Même s'il était clairement en train de plaisanter, ma curiosité était piquée en tant que juriste en droit de l'espace. Puisque les humains interagissent avec l'espace depuis très récemment, les gens ne pensent pas vraiment au patrimoine spatial. Mais il y a plus de 80 sites sur la Lune qui abritent des matériaux de fabrication humaine... de Luna 2, le premier objet fabriqué par des humains à avoir atteint la Lune, au module lunaire Apollo 11, le véhicule qui a permis le premier alunissage humain, en passant par le rover chinois Yutu 2, le rover israélien Bereshit et tout le reste !

Ces sites témoignent de la plus grande réussite technologique de l'humanité – rompre nos chaînes terrestres pour explorer et utiliser l'espace. J'aime à dire que, tout comme plusieurs sites sur Terre sont considérés comme les berceaux de la civilisation, la base de la Tranquillité [site d'alunissage d'Apollo 11] marque le berceau de notre exploration spatiale à venir. For All Moonkind cherche à protéger et préserver notre héritage dans l'espace, à commencer par la Lune tant elle offre les sites qui font la démonstration la plus concrète de notre mission.

Comment pouvons-nous protéger et préserver les découvertes de l'exploration ?

Si nous avons un régime de protection du patrimoine relativement solide sur Terre, ces protections ne s'étendent pas au patrimoine spatial. Malheureusement, nous ne pouvons pas simplement étendre la Convention pour la protection du patrimoine mondial à l'espace pour une raison fondamentale : cette convention nécessite qu'une nation nomine un site à l'intérieur de son propre territoire pour qu'il soit reconnu en tant que patrimoine.

Or, comme nous l'avons vu, le Traité de l'espace dispose très clairement, dans son article 2, que nulle nation ne peut revendiquer comme son territoire un site situé dans l'espace. En bref, nous devons développer un nouveau régime pour reconnaître et protéger notre patrimoine spatial.

Il ne s'agit pas seulement des empreintes. Évidemment, ce serait dévastateur à de nombreux niveaux si les premiers pas de l'humanité en dehors de notre monde étaient accidentellement ou intentionnellement effacés ou abîmés. Ce qui est plus important encore, c'est l'unité que cette préservation peut engendrer. Cent quatre-vingt-treize nations ont ratifié la Convention sur la protection du patrimoine mondial de l'Unesco. Chaque nation sur la Terre reconnaît l'importance de préserver notre histoire parce que, comme l'a reconnu Russel Train [fondateur du Fonds mondial pour la nature], « *la préservation est une idée puissante qui peut aider à unir les gens plutôt qu'à les diviser. C'est une idée qui peut aider à construire un sens de la communauté parmi les populations à travers le monde ».*

À For All Moonkind, nous croyons que ce message d'unité et de communauté est important pour aller de l'avant, pour poursuivre nos premiers pas vers un futur inexorablement lié à l'espace. Si nous pouvons nous unir pour reconnaître et protéger notre histoire spatiale, cette communauté peut nous permettre de poursuivre notre exploration et notre expansion dans l'espace.

Sur un aspect plus commercial, quelle est la meilleure option légale à imaginer en cas de découverte d'une ressource sur une planète, un satellite, un astéroïde ? À qui doivent revenir la propriété et les bénéfices ?

C'est la question du moment ! Et c'est quelque chose que nous devons considérer avec une attention soutenue. L'espace contient une grande richesse de ressources. J'espère qu'à terme nous pourrons déplacer toute l'industrie lourde en dehors de la Terre et ramener notre planète à son environnement pré-industriel. Mais l'exploration spatiale coûte cher. Les entreprises et les individus doivent être fortement incités à financer la recherche et le développement dans l'extraction et l'utilisation des ressources spatiales. Sinon, nous resterons confinés aux frontières terrestres, et peut-être que cela causera notre perte.

Comme vous l'avez dit, de nos jours le cadre légal en matière spatiale concerne surtout les États. Quelle est la meilleure solution pour éviter un futur où les entreprises s'approprient les ressources à leur profit ?

Nous devons clairement commencer à penser aux droits humains dans l'espace. Prenez ceci en considération : conformément au Traité de l'espace, le droit international s'applique dans l'espace, ce qui inclut, entre autres, la Déclaration universelle des droits de l'homme. Mais il n'y est pas fait mention d'un droit à l'oxygène. Cela ne devrait-il pas être un droit humain dans l'espace ?

Si, demain, des humains de nationalités différentes s'installent sur une planète ou une station, quel corpus de lois va s'appliquer à cet habitat ?

En l'état actuel du droit, chaque ressortissant sera rattaché aux lois de son État.

Imaginons que ces mêmes humains décident de se séparer de leur État d'origine et de forger un nouvel État spatial avec de nouvelles lois. Serait-ce envisageable et souhaitable ?

Oui, c'est totalement possible. Je pense que c'est exactement le genre de résultat auquel nous devons préparer le terrain dès aujourd'hui.

VINITA MARWAHA MADILL
LES « ROCKET WOMEN »

Le voyage spatial est incarné par la figure de l'astronaute. Mais rien ne serait possible sans tous les « invisibles » de cette odyssée, les techniciens et techniciennes qui mettent en œuvre, pilotent et surveillent les missions. Ce sont les ingénieurs des opérations spatiales. Ils participent à la conception des équipements et des instruments, s'occupent de la maintenance des engins (avant et pendant les missions), s'assurent qu'aucun risque potentiel n'est oublié. Ils supervisent les expériences scientifiques en temps réel depuis les centres de contrôle et ils trouvent des solutions face à tous les événements fortuits qui peuvent survenir. Sans eux, aucun astronaute ne serait en sécurité et aucune exploration ne serait possible.

C'est très exactement le travail de Vinita Marwaha Madill à l'Agence spatiale européenne. Elle a notamment participé au support au sol de la Station spatiale internationale en entraînant et en guidant les astronautes de A à Z.

Si le rôle de cette ingénieure est donc déjà fondamental, elle est impliquée dans l'odyssée spatiale encore bien davantage en tant que fondatrice de Rocket Women. Cette plateforme a pour but d'inspirer les femmes du monde entier, soit pour donner envie aux plus jeunes de faire carrière dans le spatial, soit pour accompagner celles déjà confirmées dans leur parcours.

Comme dans beaucoup d'autres secteurs, les femmes ont été longtemps invisibilisées. Rappelons que les 12 personnes à avoir posé un pied sur le sol lunaire sont des hommes. De nos jours, les choses changent progressivement. « *Il est probable que la prochaine personne sur la Lune soit une femme. Et la première personne sur Mars sera aussi probablement une femme* », avait déclaré publiquement Jim Bridenstine, l'administrateur de la Nasa, en mars 2019.

Dans cet entretien avec Vinita Marwaha Madill, nous nous sommes autant intéressés à son expertise technique qu'à sa plateforme.

L'ENTRETIEN

En tant qu'ingénieure des opérations spatiales, quelles sont vos missions actuelles et à venir ?

Ma journée type en tant qu'ingénieure des opérations peut varier entre concevoir des entraînements de sorties dans l'espace pour les astronautes, et créer puis tester de futures missions au cours desquelles ils contrôleront le Bras télémanipulateur européen (ERA). Ce dernier est un bras robotique qui doit être lancé sur la Station spatiale internationale afin d'aider les astronautes durant les sorties extravéhiculaires (EVA), et pour les épauler durant l'installation de nouvelles pièces sur la station.

Une fois le bras robotique lancé, je travaillerai sur console en tant que contractuelle, via l'entreprise aérospatiale TERMA, basée au Centre européen de technologie spatiale. J'opérerai aussi depuis le Centre de contrôle de Moscou sur les manoeuvres du bras robotique et pour assister les astronautes lors des sorties extravéhiculaires à bord de l'ISS.

Vous avez participé à la conception de combinaisons spatiales. Quels sont les principaux défis de ce processus ?

La conception d'une combinaison spatiale peut paraître simple, car elles sont recouvertes d'un tissu de protection micrométéoroïde et thermique, mais c'est en réalité l'un des procédés technologiques les plus complexes à réaliser. Cela nécessite des connaissances en textiles, en ingénierie, en biologie ainsi qu'en sciences des matériaux et de l'atmosphère. Les gants sont l'un des éléments les plus difficiles à concevoir dans une combinaison spatiale. C'est un enjeu que la nouvelle génération devra surmonter.

La mise à l'épreuve des gants pour les sorties extra-véhiculaires dépend énormément de données relatives à leur utilisateur. Les résultats des évaluations sont subjectifs et impliquent des facteurs individuels comme le niveau de fatigue de la main, la tolérance à la douleur et la condition physique.

Le processus actuel d'ajustement des combinaisons spatiales de l'ISS – Extravehicular Mobility Unit (EMU) – implique de prendre 37 mesures anthropométriques différentes sur le corps du candidat et 40 autres de ses mains (20 par main). Le but est de réduire le corps à une série de statistiques, ensuite analysées par un programme informatique qui produit un tableau de tailles.

On se réfère par la suite à ce tableau pour choisir des éléments de combinaison standardisés, qui seront au final minutieusement ajustés pour convenir à chaque individu. S'attaquer à ces enjeux de conception des combinaisons pour les sorties extravéhiculaires, y compris les gants, présentera un véritable défi. Des équipes y travaillent déjà.

Vous avez dirigé une étude sur les futures combinaisons lunaires. Que devront être leurs particularités ?

Aujourd'hui, les astronautes de la Station spatiale internationale disposent d'une combinaison spécialisée destinée aux sorties en orbite basse terrestre. Mais nous allons avoir besoin de combinaisons différentes si nous voulons aller sur la Lune, car elles devront être adaptées à l'environnement lunaire.

Au cours du programme Apollo, les sorties extravéhiculaires se sont déroulées aussi bien à la surface de la Lune que dans l'espace. Les combinaisons spatiales pour les systèmes lunaires et microgravitationnels ont besoin d'être améliorées. Les astronautes pourraient avoir une seule et même combinaison, comme c'était le cas pour le programme Apollo, ou bien en avoir deux à leur disposition.

Dans le futur, les combinaisons devront nécessairement pouvoir fonctionner dans divers champs gravitationnels. Il est indispensable de pouvoir effectuer des sorties dans des environnements variés : le vide, la surface de la Lune, et son orbite basse (où évoluera la station spatiale Lunar Gateway).

Ces combinaisons à venir doivent également être conçues pour résister à l'environnement poussiéreux de la surface lunaire. Au cours du processus de conception, il faut évaluer les conséquences de la poussière abrasive sur les combinaisons, sur les équipements et sur les membres de l'équipage. Il est établi que cela constitue un défi important. Sans compter que la combinaison doit également être utilisable dans des environnements soumis aux radiations, et ce tout en assurant suffisamment de flexibilité et de mobilité.

Ces dernières décennies, le domaine spatial était monopolisé par les hommes. Qu'en est-il aujourd'hui des inégalités de genre dans ce milieu ?

L'industrie spatiale est en train de s'ouvrir aux jeunes. Nous devons changer le stéréotype de l'ingénieur spatial (ou de n'importe quelle personne travaillant dans la tech) voulant que ce ce soit forcément un homme geek. Beaucoup de femmes et d'hommes travaillant dans le secteur des STIM (science, technologie, ingénierie et mathématique) ne se retrouvent pas dans cette image.

En outre, les filles doivent savoir qu'il n'y a aucun problème à être geek, ou simplement intelligente. D'autant que les filles décident d'abandonner ces matières scientifiques autour de l'âge de 11 ans, alors même qu'elles sont dans un système éducatif où les premiers choix de spécialités limitent les possibilités pour travailler dans différents domaines ensuite.

En réalité, de plus en plus de métiers demandent au moins un niveau modéré de compétences technologiques. Il sera donc nécessaire pour les filles de se sentir à l'aise dans un environnement technique, afin de réussir et d'évoluer dans n'importe quelle carrière de leur choix.

Dava Newman, ancienne administratrice de la Nasa et actuellement professeure au MIT (Massachusetts Institute of Technology), avait formulé un très bon conseil pour n'importe qui cherchant à intégrer l'industrie spatiale. Elle avait fait remarquer, à juste titre, qu'il ne faut pas être « *le (ou la) meilleur(e) en maths ou en science* », ni même le premier ou la première de la classe. « *Vous devez simplement désirer aider l'humanité. S'il y a une passion qui devrait vous guider, c'est celle-ci.* »

L'industrie spatiale est en train de changer. En 1981, Sally Ride devenait la première Américaine à aller dans l'espace. Trois décennies après, la promo 2013 des astronautes comprenait 50 % de femmes, soit le plus haut ratio jamais sélectionné, ce qui a fait monter à 30 % le taux de femmes dans le corps des astronautes de la Nasa.

L'agence autant que l'industrie spatiale en général sont vraiment tournées vers l'avenir, et c'est fantastique. La promo d'astronautes de 2017 comprend cinq filles sur douze astronautes, dont deux sélectionnées à l'âge de 29 ans.

Comment votre plateforme Rocket Women aide-t-elle les femmes à intégrer le milieu spatial et à s'y valoriser ?

Ma passion et l'objectif de Rocket Women sont d'inspirer les filles du monde entier à envisager une carrière dans les sciences et technologies, et tout particulièrement dans le spatial. Au cours de ma carrière, j'ai rencontré des gens extraordinaires et notamment des modèles féminins à l'influence positive.

Je pense que l'on a besoin de tels exemples, tangibles et visibles, pour inspirer la prochaine génération de jeunes filles à devenir astronautes – ou quoi qu'elles veulent être. Comme l'a dit Sally Ride, « *on ne peut pas être ce que l'on ne peut pas voir* ». C'est l'une de mes citations préférées et c'est absolument véridique. J'ai commencé Rocket Women pour donner à ces femmes modèles une plateforme où elles peuvent conseiller les plus jeunes envisageant une carrière dans le spatial. Dans le cadre de cette plateforme, je travaille globalement à développer des contenus incitant à l'émancipation des femmes, entre autres sous forme d'entretiens.

Pourquoi avez-vous à ce point à coeur d'inciter à une meilleure représentation des femmes dans le spatial ?

Il est important d'inciter la nouvelle génération à envisager la science et l'ingénierie. En regardant vers l'avenir, on s'aperçoit qu'il y aura une demande énorme pour ce genre de compétences dans les prochaines années. D'après un rapport récent de Young Women's Trust, au Royaume-Uni, un écolier sur cinq devrait devenir ingénieur pour combler ce manque. Encourager davantage de filles à poursuivre ce type d'études aidera à répondre à la demande croissante, tout en s'assurant qu'elles constituent la moitié du talent scientifique.

En outre, l'humanité n'atteindra que 50 % de son potentiel si seulement 50 % de la population travaille aux enjeux mondiaux les plus ardus. Le lancement d'une collection de vêtements Rocket Women à but non lucratif est né d'un désir de changer les choses et de s'assurer que nous disposons de 100 % du talent disponible. Les bénéfices de cette opération sont reversés pour allouer des bourses d'études aux femmes qui choisissent d'étudier l'ingénierie et la science. Je suis très enthousiaste au sujet de cette initiative qui, cette année, soutient une bourse pour permettre à une femme d'entrer à l'Université spatiale internationale !

La représentation et les bourses jouent un rôle fondamental pour encourager des personnes talentueuses, qui n'en auraient potentiellement pas eu l'opportunité, à tenter leur chance dans les sciences et technologies et ainsi représenter leurs différents milieux et pays d'origine. Moi-même, si je n'avais pas eu la chance d'obtenir une bourse, je n'aurais jamais été capable de terminer mes études à l'international ni d'atteindre mes objectifs dans l'industrie spatiale. Avec les vêtements et le message que véhicule notre plateforme, nous voulons encourager les femmes à avoir confiance en elles et à devenir des Rocket Women, tout en donnant l'opportunité à des jeunes filles de recevoir des bourses d'études.

Star Trek est une franchise culte, créée à la télévision américaine en 1966 par Gene Roddenberry. Elle comporte plus de 700 épisodes. (Image : domaine public)

PARTIE 3
LE SPATIAL RACONTÉ PAR LA SCIENCE-FICTION

ANDRE BORMANIS : L'UTOPIE STAR TREK..................................P.84

JOSEPH MALLOZZI : LES COULISSES DE STARGATE...............P.91

BECKY CHAMBERS : UN QUOTIDIEN DANS L'ESPACE............P.97

LAURENT GENEFORT :
L'ESPACE, CREUSET D'HISTOIRES...P.103

Il est fort probable que la simple évocation de l'espace génère en vous quelques images typiques : un paysage céleste derrière le hublot d'un grand vaisseau spatial ; des bases sous forme de dômes ; une salle de contrôle remplie de boutons colorés ; des planètes étranges, désertes ou à la végétation luxuriante. La plupart de ces images nous viennent de la pop culture. Tous azimuts, on peut citer *Star Trek, Battlestar Galactica, Stargate, Cosmos 1999, The Expanse, Lost in Space, Doctor Who* pour les séries ; *Interstellar, Alien, 2001 l'Odyssée de l'espace, Gravity, Seul sur Mars, Star Wars* pour les films.

La liste réelle est évidemment bien plus longue. Ces œuvres et tant d'autres ont forgé notre imaginaire de ce qu'est l'espace – ou de ce qu'il pourrait être. Elles sont influencées par l'état de la science au moment de leur conception, autant qu'elles influencent parfois les scientifiques eux-mêmes.

Cette interaction entre fiction et réalité est tout aussi valable pour la littérature que pour les films et séries. Nous avons déjà brièvement évoqué en introduction de ce numéro le rôle clé d'auteurs comme Robert Heinlein (1907-1988) et Arthur C. Clarke (1917-2008). Il s'avère que des travaux universitaires, entre lettres et science politique, tendent à démontrer que la science-fiction dispose d'un véritable pouvoir transformateur, et que ce pouvoir se manifeste tout particulièrement dans le spatial. Dans leur étude, les sociologues Bernard Convert et Lise Demailly affirment rien de moins que Robert Heinlein est « *l'homme qui a vendu la Lune aux Américains* ».

Cette idée trouve confirmation dans un discours de Michael Griffin, ancien administrateur de la Nasa, au cours duquel il déclare que la conquête de la Lune n'aurait pas été possible « *sans les auteurs de science-fiction, et en particulier sans les contributions de Robert Heinlein* ». En narrant un quotidien spatial à travers des récits dédiés aux jeunes comme aux adultes, Heinlein a permis au grand public de s'approprier l'idée d'espace. Plus encore, il a favorisé le désir de s'y rendre, d'en faire une utopie d'avenir, si ce n'est d'y dédier toute une vie – car ses histoires pour la jeunesse ont poussé bon nombre de scientifiques à faire carrière dans ce secteur. Les auteurs de l'étude prennent soin de préciser que ce profond désir collectif pour l'espace n'a pas été créé de toutes pièces. Il existait un terreau favorable. Mais « *extrapoler logiquement les conséquences possibles de la réalité économique, politique, scientifique du moment* » est justement l'une des fonctions historiques de la SF.

Andy Weir, auteur du roman *Seul sur Mars*, à l'origine du fameux blockbuster, nous a affirmé qu'encore aujourd'hui la science-fiction « *participe à intéresser les gens au sujet. Tant que cela les stimule, cela facilite l'exploration spatiale au niveau du financement et de l'intérêt du gouvernement.* » Les récits à forte teneur scientifique ont selon lui encore plus d'impact : « *Je ne peux pas parler pour tous les lecteurs, mais il me semble que la science permet de rendre les choses beaucoup plus crédibles* ». C'est d'ailleurs pour cette raison qu'existe le métier de consultant scientifique : vérifier que les œuvres de fiction respectent les fondamentaux de la science, pour ancrer l'imaginaire dans un contexte plausible.

ANDRE BORMANIS
L'UTOPIE STAR TREK

La franchise *Star Trek*, créée en 1966, est l'un des plus grands monuments de la pop culture en matière de représentation d'un avenir dans l'espace. On fait difficilement plus iconique que le personnage de Spock ou que le vaisseau Enterprise. Son univers étendu comporte sept séries télévisées et treize films, sans compter tous les romans, jeux vidéo et comics en complément.

La spécificité de *Star Trek* réside dans son approche résolument utopique et optimiste du futur. Sous l'égide de la Fédération des planètes unies, la paix est maintenue au sein de l'humanité et avec les nombreuses espèces extraterrestres. Grâce au progrès de la médecine, les maladies sont un lointain souvenir et la plupart des blessures peuvent être soignées en peu de temps. De nombreuses denrées peuvent être synthétisées à partir de rien et l'abondance qui en résulte permet d'enrayer la pauvreté. L'invention du moteur à distorsion offre aux vaisseaux de la flotte de Starfleet la possibilité de parcourir d'immenses distances.

L'humanité de *Star Trek* est pacifique, érudite, heureuse et mue par le désir d'explorer l'Univers pour faire progresser les connaissances scientifiques. En conséquence, les équipages mis en scène utilisent rarement la force, ou alors comme dernier recours (le capitaine Picard, de la série *The Next Generation*, est tout particulièrement connu pour son sens de la diplomatie). Cette approche utopique offre à la saga l'opportunité d'être régulièrement en avance sur son temps en matière sociale : c'est dans la série originale *Star Trek* que l'on verra le tout premier baiser entre un homme blanc et une femme noire à la télévision.

La saga est également connue pour la volonté de faire reposer les intrigues autant que possible sur l'état actuel des connaissances scientifiques au moment de l'écriture, afin de favoriser la crédibilité de l'univers. Andre Bormanis est l'un des architectes de cette cohérence. C'est en tant que consultant scientifique qu'il a rejoint, dans les années 1990, l'équipe d'écriture et de production de la série *Star Trek : The Next Generation*. Il continuera à endosser ce rôle sur les séries et films qui suivront dans la franchise (*Voyager, Deep Space Nine, Enterprise*). Il deviendra même scénariste en se mettant à l'écriture d'intrigues et de dialogues pour plusieurs épisodes.

Il est dorénavant un protagoniste majeur de la télévision américaine dans les domaines de la science et de la science-fiction. Pour National Geographic, il a participé à l'écriture et à la production du docu-fiction *Mars*, et a dirigé la recherche scientifique de la série documentaire *Cosmos : A Spacetime Odyssey*. Il est également producteur exécutif et scénariste pour la série spatiale *The Orville*, diffusée sur la Fox, qui est une sorte d'hommage à l'univers de *Star Trek*.

L'ENTRETIEN

Pouvez-vous nous expliquer quel était votre rôle de consultant scientifique dans les séries *Star Trek* ?

Mon travail consistait à fournir un langage technique approprié pour nos scripts et à aider nos scénaristes à mieux comprendre les concepts scientifiques mobilisés dans leurs récits. Quand un scénariste n'était pas sûr du terme approprié pour décrire un concept technique ou scientifique, il inscrivait le mot [TECH] dans cette partie du texte. J'intervenais alors pour insérer les termes adéquats.

Parfois, des scénaristes m'appelaient et me posaient des questions génériques, pour savoir si une idée était scientifiquement plausible, ou quelles découvertes récentes pouvaient s'intégrer dans l'histoire de *Star Trek*.

Par exemple, dans *Star Trek : Deep Space Nine*, une comète a joué un rôle clé dans l'un de nos épisodes. Ainsi, avant de commencer leur scénario, les scénaristes m'ont posé diverses questions sur les comètes : de quelle taille sont-elles, de quoi sont-elles faites, à quelle vitesse se déplacent-elles, quand se forme leur queue... Au bout d'une heure, je leur avais transmis de bonnes connaissances génériques des comètes. Ils ont incorporé ces informations dans leur script et, en le lisant, il ne me restait plus qu'à apporter quelques petits ajustements au dialogue où les personnages parlaient de la comète.

J'étais également en charge du suivi du langage technique fictif créé pour *Star Trek* au cours des années afin de décrire des éléments inventés spécifiquement pour la série, tels que les phasers, la distorsion, le téléporteur, etc. Nous avions également toute une variété de particules subatomiques fictives et de phénomènes spatiaux que nous avons référencés au fil du temps. J'ai toujours essayé de m'assurer que nous utilisions ces termes de manière cohérente lorsqu'ils apparaissaient dans plus d'un épisode.

Jusqu'à quel point l'univers de *Star Trek* peut-il être considéré comme fiable scientifiquement ?

Nos scénaristes et producteurs voulaient s'assurer que l'univers de *Star Trek* reposait sur de solides bases scientifiques. Par exemple, la nature physique des étoiles, des planètes, du milieu interstellaire ; les distances moyennes entre les étoiles de notre galaxie ; tout comme les lois fondamentales de la physique, de la chimie et de la biologie telles qu'elles étaient alors admises devaient être respectées.

Cela étant, nos vaisseaux naviguent plus vite que la lumière, ce qui est une violation de la théorie de la relativité restreinte d'Einstein ! Raison pour laquelle dans la série originale *Star Trek*, ils ont créé la distorsion pour rendre le voyage supraluminique possible.

Cette technologie relève encore du domaine de la fiction, mais il est possible qu'un jour nous trouvions un moyen de l'inventer.

Quels aspects de *Star Trek* ont le plus de chance d'advenir, dans un futur proche ou lointain ?

Nous disposons déjà de technologies de communication et d'informatique aussi bonnes, sinon meilleures, que celles décrites dans *Star Trek* — notamment dans la série originale. La technologie médicale, en particulier dans le domaine de l'imagerie, est en train de rattraper ce que nous avons décrit dans la série.

La réalité virtuelle, comme pour le célèbre Holodeck, évolue tout aussi rapidement, et je pense que nous pourrions avoir quelque chose qui ressemble à un véritable Holodeck dans les dix prochaines années. La distorsion est peut-être possible, mais je présume que plusieurs décennies, voire plusieurs siècles, seront nécessaires avant qu'elle ne soit inventée.

Le téléporteur est la seule technologie qui, à mon avis, n'existera jamais... Du moins, pas de la manière dont elle est représentée dans *Star Trek*. Même si une telle chose était possible en principe (et je ne suis pas sûr que ce soit le cas), se déchirer atome par atome et devenir un flux d'énergie ne semble pas être une façon pratique ou attrayante de voyager !

Quel est le message le plus important véhiculé par la franchise, concernant le futur de l'humanité dans l'espace ? Est-ce qu'un épisode en particulier serait marquant en ce sens ?

La véritable essence de *Star Trek*, c'est que nous pouvons créer un futur pour lequel cela vaut la peine de vivre ; un monde où la guerre, le racisme et la pauvreté ont été éliminés, et où l'humanité est unie pour explorer les étoiles. De nos jours, tellement d'oeuvres de science-fiction présentent un avenir dystopique cauchemardesque. *Star Trek* est exactement le contraire. C'est notre rêve d'un avenir meilleur pour tout le monde, plus excitant et enrichissant que nous ne pouvons même l'imaginer. Il est difficile de choisir un seul épisode qui y fasse écho, car cela fait vraiment partie de la trame de toute la série.

Percevez-vous dans l'état actuel de l'exploration spatiale des éléments qui prédiraient un futur similaire à *Star Trek* ?

Certains ont pu dire que *Star Trek* induit le public en erreur quant à l'avenir des voyages spatiaux, en leur donnant un aspect trop facile. Mais je pense que la plupart des gens comprennent qu'il faudra beaucoup de temps avant de pouvoir construire des vaisseaux comme l'Enterprise ou l'Orville.

À mes yeux, *Star Trek* a eu deux rôles clés envers l'état actuel de l'exploration spatiale. Tout d'abord, l'équipage de l'Enterprise venait de plusieurs pays différents (et même de quelques planètes différentes !). C'était un vaisseau international. Ensuite, cet équipage comprenait des femmes et des personnes de diverses couleurs de peau.

Dans les années 1960, il s'agissait d'idées révolutionnaires, mais aujourd'hui nous ne pouvons imaginer entreprendre des missions humaines sur la Lune ou sur Mars qui ne soient pas internationales, avec des équipages mixtes et diversifiés. Je pense que *Star Trek* peut s'en attribuer en partie le mérite. Les progrès considérables que nous avons accomplis au cours des dernières décennies me permettent d'espérer que le futur lointain ressemblera bien davantage à *Star Trek* qu'à *Hunger Games*, par exemple.

Est-ce qu'inversement *Star Trek* a pu influencer le cours de la science elle-même, la façon dont on se représente l'espace ?

Je pense que, ces dernières décennies, *Star Trek* et quelques autres séries de science-fiction ont changé la façon dont les scientifiques cherchent à communiquer leurs travaux au public. La recherche de pointe est souvent comparée à des choses que nous décrivons dans *Star Trek* ; les expériences d'intrication quantique sont parfois comparées à la « téléportation » de particules à travers l'espace ; les tentatives de créer des machines capables de traduire les langues en temps réel sont comparées à notre traducteur universel, etc.

Je pense qu'aujourd'hui les scientifiques sont de plus en plus conscients de la nécessité de mieux communiquer le sens et la valeur de leurs travaux au grand public. Des fictions comme *Star Trek* peuvent les aider à le faire. La série a également été utilisée par des enseignants pour motiver leurs élèves à s'intéresser davantage à la science, elle a encouragé de nombreux jeunes à faire carrière dans la science — j'en fais partie !

Vous avez aussi été impliqué dans le développement de la série *Mars*, sur National Geographic. Quel est l'intérêt de son mélange entre documentaire et fiction ?

La série *Mars* était une expérience intéressante en matière de narration. Nous avons essayé essentiellement de réaliser un « documentaire du futur », en montrant au public le type de travail accompli aujourd'hui qui permettra aux humains de voyager sur Mars et d'établir une base permanente dans les quinze prochaines années.

Je pense qu'il est important que le public comprenne ce qu'implique l'organisation d'une telle mission, quels en seraient les coûts et les risques autant que les avantages. Aujourd'hui, beaucoup d'argent public est dépensé pour l'exploration spatiale. Dans les pays démocratiques, il est crucial que les citoyens en comprennent les enjeux. Ils pourront ainsi prendre des décisions éclairées quant au pourcentage de ces efforts qui doit être soutenu par des impôts, à quelle vitesse la recherche doit être effectuée et quelles en sont les finalités.

Cela vaut pour de nombreux autres enjeux auxquels nous sommes confrontés aujourd'hui. Notre monde est guidé par la science et la technologie. Le changement climatique est l'enjeu le plus urgent auquel nous faisons face. Partout dans le monde, il faut que les gens comprennent cette question afin de prendre des mesures collectives pour éviter le pire des scénarios. Cela nécessite des connaissances scientifiques de base. Nous ne pouvons plus nous permettre le luxe de l'ignorance.

Actuellement vous êtes producteur exécutif et scénariste de la série *The Orville*. Comment le vaisseau a-t-il été imaginé ?

Nous avons un chef décorateur brillant, Steven Lineweaver, qui est à l'origine de l'apparence et de l'atmosphère du vaisseau spatial. Le créateur de la série, Seth MacFarlane, lui a demandé de créer un environnement dans lequel les gens auraient envie de vivre pendant des mois, voire des années.

Le vaisseau a donc été conçu comme un lieu très confortable et convivial, où il fait bon vivre, travailler et socialiser, avec de nombreux équipements dédiés au bien-être du personnel, comme dans un bon hôtel ! Cela a eu des conséquences directes sur tous les éléments de conception : l'éclairage du vaisseau, la taille des quartiers d'habitation, l'aménagement des salles à manger et des zones de loisirs, etc.

Cette série est énormément basée sur l'humour. Les aspects scientifiques peuvent-ils en pâtir ?

Je n'ai jamais trouvé que la science puisse être un obstacle à l'humour ni inversement. Beaucoup de bons scientifiques sont aussi très drôles ! Dans *The Orville*, nous avons utilisé la science comme tremplin pour l'humour.

Dans notre tout premier épisode, nous avons pas mal plaisanté au sujet du dispositif de contrôle du temps créé par un personnage (Docteur Aronov). L'humour est une partie importante de la vie – je pense que sans lui il serait très difficile de vivre dans ce monde. L'humour dans *The Orville* fait partie de ce qui rend la série crédible.

JOSEPH MALLOZZI
LES COULISSES DE STARGATE

Celles et ceux qui ont connu la trilogie du samedi sur M6 se souviennent du générique de *Stargate SG-1* avec nostalgie. À la différence d'une autre franchise comme *Star Trek*, sa chronologie se situe dans le présent. Dans les séries *Stargate*, adaptées du film éponyme, un réseau de portes a été découvert par le gouvernement américain. Fondées par une ancienne civilisation interstellaire, elles permettent de voyager d'une planète à une autre en quelques secondes. Le contexte est posé pour écrire des aventures d'exploration interstellaire.

Joseph Mallozzi est l'un des producteurs exécutifs essentiels de la franchise, et l'un de ses scénaristes. Il a également créé la série de science-fiction *Dark Matter*, diffusée sur la chaîne Syfy. On y suit un équipage de renégats obligés de coopérer sur un petit vaisseau spatial, dans un avenir lointain où de grandes corporations se sont accaparées le pouvoir politique… jusqu'à devenir propriétaires de planètes entières.

Avant de démarrer cet entretien, Joseph Mallozzi nous a autorisé à vous partager dans les pages suivantes quelques artworks et croquis préliminaires qui ont servis à sa série *Dark Matter*.

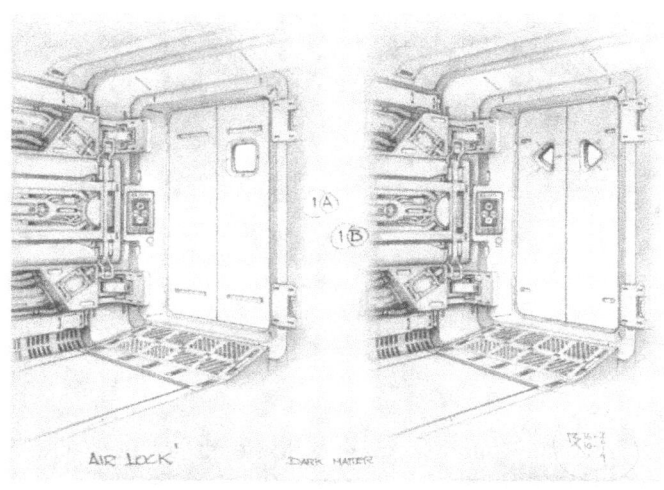

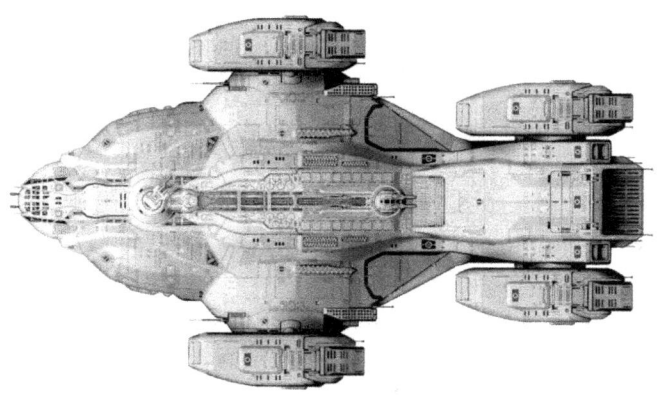

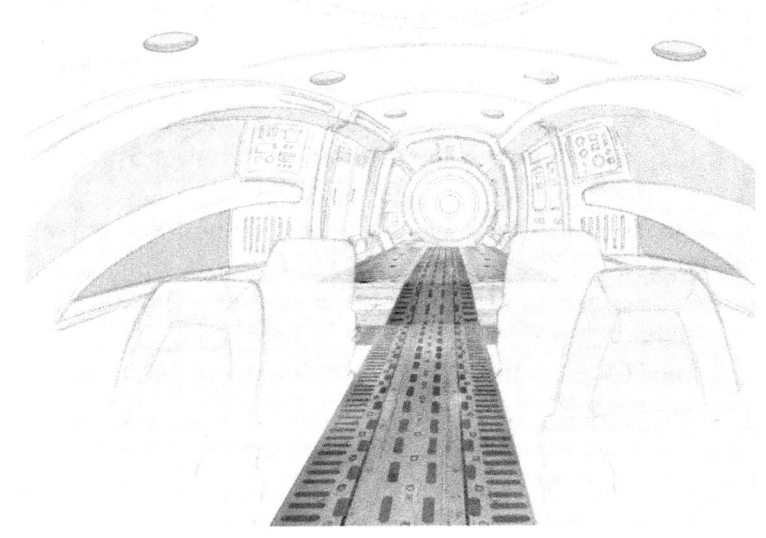

L'ENTRETIEN

Dans la série *Dark Matter*, des entreprises détiennent des colonies spatiales entières. Il n'y a plus de démocratie. Qu'est-ce qui vous a inspiré un tel futur spatial ?

De bien des façons, il semblerait que ce soit la direction que le monde prend, avec des corporations géantes comme Google et Facebook qui exercent un pouvoir immense rivalisant avec de nombreux États-nations.

Dark Matter envisage un futur plus optimiste pour la Terre, dirigée par un gouvernement mondial, mais malgré tout au sein d'une galaxie sous l'emprise de corporations multi-planétaires. À mesure que ces corporations s'enrichissent, je les imagine se déployer au-delà des étoiles pour exploiter les ressources planétaires et continuer d'étendre leurs pouvoirs.

Qu'est-ce qui a fait le succès de *Stargate*, selon vous ?

Je pense que les fans ont aimé *Stargate* parce que l'univers de la série était basé ici et maintenant, en reflétant des problèmes qu'ils pouvaient comprendre. Et le focus était porté sur des personnages principaux auxquels ils pouvaient s'identifier.

Le désir d'exploration et d'aventure est quelque chose qui résonne chez la plupart des amateurs de science-fiction. La perspective de quitter notre monde pour explorer une planète différente tous les jours offre un scénario fantastique et séduisant. D'une certaine façon, le téléspectateur se sent presque comme un cinquième membre de SG-1 qui rejoint l'équipage à chaque mission.

Dans l'épisode Scorched Earth, une espèce extraterrestre essaye de terraformer une planète, c'est-à-dire de modifier son environnement selon ses propres besoins. Or, la vie y est déjà présente. Est-ce une façon de critiquer ce procédé hypothétique ?

Bien sûr, c'était l'objet de l'épisode. Si un environnement est idéal pour la biologie humaine, il ne convient pas forcément à la biologie extraterrestre. En terraformant un monde et en changeant son atmosphère, on risque d'anéantir les formes de vie existantes.

Ce n'est pas bien grave, diraient certains, si ces formes de vie ne sont pas intelligentes. Mais si elles étaient conscientes ? C'est un dilemme éthique intéressant, que nous avions présenté et exploré au sein d'un scénario extrême qui oppose la survie de deux espèces.

Est-ce que vous avez en tête un épisode que vous avez écrit et qui illustre un enjeu fondamental pour l'avenir de l'exploration spatiale ?

Scorched Earth, l'épisode précédemment mentionné, est un très bon exemple des enjeux éthiques inattendus auxquels nous pourrions faire face en tant qu'explorateurs et colonisateurs d'autres mondes.

Stargate Atlantis, dans son ensemble, présente un autre dilemme moral intéressant, exploré dans un épisode à la fin de la saison 5, Inquisition : au cours de celui-ci, l'expédition Atlantis est poursuivie en justice pour leurs crimes contre la Galaxie de Pégase. Involontairement, ils ont pu faire plus de mal que de bien. Comme le dit l'adage, l'enfer est pavé de bonnes intentions.

Stargate se déroule essentiellement sur d'autres planètes ou dans l'espace. Ce n'est pas le plus simple à réaliser à l'écran. Durant la production de la franchise, à quels types de défis avez-vous fait face ?

Nous avions un budget plutôt décent pour les trois séries *Stargate*. Mais demeurait toujours le challenge de concevoir un monde extraterrestre avec les contraintes d'une production télévisée. La majorité des planètes visitées par l'équipage étaient boisées et, bien que quelques téléspectateurs s'en soient plaints, le fait est que pour permettre la vie humaine, l'atmosphère de la planète doit être similaire à l'atmosphère terrestre. L'astuce pour produire une série de science-fiction est de choisir ce que l'on met en lumière. Savoir où l'on va pour chaque saison et quand écrire des épisodes moins ambitieux, pour garder de l'argent à dépenser sur les fins de saison et les batailles spatiales.

Et cela ne signifie pas que les épisodes les moins onéreux en pâtissent. Des épisodes comme Window of Opportunity étaient plutôt peu chers comparés à d'autres, et demeurent pourtant favoris chez les fans.

Il y a eu une période de pause dans la production de séries télévisées spatiales. Mais depuis quelques temps, on assiste à grand retour du genre (*The Expanse*, *Lost in Space*...). Pourquoi ce renouveau ? Est-ce que la franchise *Stargate* pourrait en profiter pour revenir ?

Je pense qu'il y a toujours eu un intérêt envers les productions SF, mais il y avait simplement une réticence de la part des diffuseurs pour prendre le risque. Aujourd'hui, avec Netflix qui augmente constamment ses budgets de production, de plus en plus de producteurs commencent à y prêter attention.

Actuellement, il s'agit avant tout d'adaptations et de sagas avec des séries basées sur de la matière déjà existante, comme des romans, des bandes dessinées, des films et des franchises installées. Pour cette raison, je pense que *Stargate* est prêt pour un retour à l'écran. Ce n'est pas une question de « si », mais de « quand ». Pour être honnête, je pense que cela arrivera plus tôt que tard.

BECKY CHAMBERS
UN QUOTIDIEN DANS L'ESPACE

Si *Stargate* se déroulait dans le présent, les romans de Becky Chambers nous plongent dans un avenir très lointain. Passionnée par l'espace, cette écrivaine américaine en fait le décor de chacun de ses romans. Si ses récits ne sont pas exempts de péripéties, ce ne sont pas les batailles spatiales et les aventures épiques qui définissent la science-fiction de Becky Chambers. Elle se concentre plutôt sur la vie quotidienne à bord d'un vaisseau spatial.

L'autrice porte une attention particulière à la construction de ses personnages et à leurs liens sociaux. L'intrigue de son roman *L'Espace d'un an* se déroule essentiellement dans un huit-clos, à bord du Voyageur, donnant ainsi un bon aperçu de la vie commune des membres de l'équipage.

Le contexte futuriste, bien loin de notre Terre mère, n'est pas un frein à l'identification des lecteurs et lectrices aux personnages de ses romans, qu'ils soient d'origine terrienne ou extraterrestre. Dans *L'Espace d'un an*, comme dans *Libration* ou *Archives de l'exode*, édités chez L'Atalante, la plongée dans ce quotidien entre normalité et extraordinaire nous projette immédiatement dans la possibilité d'un tel futur.

Becky Chambers se distingue également par sa capacité à aborder des questions sociales telles que l'égalité et la diversité. Au cours de cet entretien, elle nous explique son approche littéraire et sa vision des problèmes sociopolitiques qui pourraient émerger dans l'espace.

L'ENTRETIEN

Dans *L'Espace d'un an*, la Terre est inhabitable. L'humanité est divisée en deux parties : les Martiens, privilégiés, et celles et ceux qui sont en exode sur de grands vaisseaux spatiaux sans destination. L'exploration spatiale pourra-t-elle provenir d'un départ forcé ? Et entraîner des inégalités ?

Ce sont deux hypothèses possibles, bien que j'espère sincèrement que nous réussissions à les éviter. Si l'humanité parvient à vivre loin de la Terre, je préférerais grandement que ce soit en suivant une volonté d'exploration et de découverte plutôt qu'en répondant à un besoin de survie. De même, si l'humanité a un véritable don pour créer des problèmes sociaux, il faut de la coopération et de la stabilité pour entreprendre quelque chose d'aussi colossal que de vivre dans l'espace. Nous risquerions très facilement d'exporter dans le cosmos les problèmes auxquels nous faisons face sur Terre.

C'est tout naturellement ce que les humains ont fait dans mes romans, au début... Mais ils apprennent également à soigner ces vieilles blessures et à se réconcilier. Sans cela, il n'y a aucune chance de survie. Mon troisième roman, *Archives de l'exode*, développe cette idée en détail. Il se concentre uniquement sur la structure culturelle de cette flotte en exode et sa manière d'éviter les problèmes de classes sociales et de pénurie de ressources. Pour simplifier : toute aventure spatiale menée sans une attention soutenue à l'égalité sociale serait condamnée à l'échec sur le long terme.

Le Voyageur croise une espèce très agressive, mais qui détient une grande réserve de carburant. Le contrôle des ressources spatiales risque-t-il de mener à des conflits ?

Si la technologie avance au point de nous permettre de prélever les ressources d'autres planètes, et si nous traitons l'espace comme nous avons traité la Terre, avec cette même mentalité colonisatrice, alors oui, absolument. Mais si nous choisissons à l'inverse d'encourager cette coopération et cette équité que j'ai mentionnées auparavant, alors le conflit pourrait être évité. J'ose espérer que l'avancée de l'humanité dans l'espace reflète davantage un désir d'exploration qu'un désir de conquête et de contrôle. Mais c'est un choix qu'en tant que société, et en tant qu'espèce, nous devons faire.

Dans votre univers de fiction, les États d'aujourd'hui ont disparu. Pensez-vous que les nations n'auront plus leur place dans un futur spatial ?

Cela dépend de quand nous irons dans l'espace ! J'aime prendre le temps de m'instruire sur l'histoire du monde autant que sur l'anthropologie. L'une des choses les plus évidentes qui apparaissent quand on se penche un peu sur ces sujets, c'est que les cultures, les identités et les lignes sur les cartes changent constamment. Puisque les récits de mon Cycle des Voyageurs se déroulent dans un futur lointain, cela me semblait logique que les pays auxquels nous appartenons aujourd'hui aient disparu depuis longtemps.

Pour le moment, dans le monde réel, seules les agences spatiales gouvernementales emmènent des gens dans l'espace. Cela pourrait certainement changer (j'imagine que cela changera dans dix ou vingt ans). En fonction des choix que nous ferons dans les prochaines années, il me semble tout de même probable que nous verrons toujours des astronautes portant des drapeaux identifiables sur leurs combinaisons spatiales.

Pour autant, il faut prendre la peine de se rappeler qu'une grande part des projets actuels d'exploration spatiale sont des projets internationaux. La Station spatiale internationale existe grâce au partenariat de quinze nations différentes. Les astronautes qui sont là-haut en ce moment forment une équipe internationale. Nous voyageons plus loin lorsque nous voyageons ensemble.

Vos oeuvres s'inscrivent dans le genre littéraire du space opera : des récits à l'échelle interplanétaire et aux enjeux géopolitiques. Bien souvent, ce genre met en scène de grands héros plongés dans des batailles spatiales épiques. *A contrario*, vos scénarios concernent des gens ordinaires et leur quotidien dans l'espace. Pourquoi cette approche « cosy » ?

J'aime les bonnes batailles spatiales, comme tout le monde, mais je pense également qu'il est très réducteur de penser que le seul futur qui nous attend dans l'espace soit un futur de guerre. Il y a infiniment plus à vivre que conquérir et s'entre-tuer. Il est également très important que les humains dont nous racontons les récits dans l'espace ne soient pas que des héros.

Nous formons tous une part de l'univers. C'est notre chez-nous, et nous en détenons tous une part égale. Mon but avec ces livres est de représenter un futur qui apparaisse accueillant pour nous, les gens ordinaires, et pas seulement quelques élus avec de gros flingues. L'espace appartient à tout le monde.

Les relations entre les membres de l'équipage sont importantes dans vos romans. Quand vous les avez écrits, quels problèmes vous sont apparus au sujet de cette vie collective confinée dans un vaisseau ?

J'ai trouvé cet aspect plutôt facile à écrire. Ce n'est pas différent de n'importe quel foyer partagé par une famille. J'ai beaucoup réfléchi sur le fait qu'ils ne peuvent pas sortir pendant le voyage. Si on se dispute avec quelqu'un, on ne peut aller faire un tour dehors. Si on s'ennuie, on ne peut aller se promener en ville.

Ces questions-là, j'y réponds au travers de la conception même du vaisseau. Il est grand, confortable, contient des jardins. Il y a des espaces pour socialiser et des espaces privés. Je pense que faire attention au confort matériel de chacun est une grande priorité.

Quels sont les risques si l'on ne prête pas attention assez tôt à l'égalité sociale ?

Je pense qu'il est assez juste de dire que les conflits les plus violents dans l'histoire de l'humanité peuvent être résumés en « vous avez quelque chose que je n'ai pas ». Qu'il s'agisse d'une bagarre, d'une émeute ou d'une guerre, l'impact peut être dévastateur, mais ces conflits sont largement confinés dans un lieu spécifique. Notre planète est grande, et si on survit au conflit, il y a d'autres lieux où l'on peut aller. On peut partir pour un lieu plus sûr, disposant de plus de ressources, ou quelque part où l'on est traité plus équitablement.

Cette option n'est pas envisageable sur un vaisseau spatial. Il n'y a nulle part où aller. Si les gens habitant un pont disposent de plus de nourritures que ceux en habitant un autre, c'est un énorme problème, et c'est le genre de choses qui détruirait la société. Voyager dans l'espace est une entreprise suffisamment dangereuse et incertaine en elle-même. Si l'on veut que le voyage soit couronné de succès, mieux vaut ne pas y ajouter des problèmes sociaux et des dépressions nerveuses.

Quels types de solutions proposez-vous dans vos romans pour éviter les problèmes sociaux et les pénuries de ressources ?

Dans *Archives de l'exode*, je cherche des solutions à cela de plusieurs façons. Concernant l'architecture du vaisseau, par exemple, personne ne dispose d'un meilleur appartement ou d'une meilleure vue. Au niveau économique, tout est basé sur un système de troc et les emplois sont valorisés en fonction de leur apport à la société et non de leur capacité à générer du capital.

Enfin, l'abri, la nourriture, l'eau, l'air et les services de santé sont fournis gratuitement à chaque citoyen, indépendamment de la profession ou des aptitudes. Ce n'est pas un système parfait, et je le questionne dans mon récit, mais je pense vraiment qu'il s'agit d'une société juste et humaine. Il me plairait d'y vivre.

Le space opera a longtemps été monopolisé par des auteurs hommes. Quelle est la place des écrivaines dans ce genre aujourd'hui ?

Une chose essentielle qu'il faut rappeler, c'est que les femmes ont été présentes depuis le début dans les sciences de l'Univers et dans la science-fiction. Nous avons toujours été là ; simplement, nos histoires ne sont pas aussi souvent racontées. Notre rôle est exactement le même que celui des hommes : produire de la bonne science et raconter de bonnes histoires.

J'aimerais que cela ne soit pas plus compliqué que ça. Pour moi, l'exploration spatiale est une exploration de nous-mêmes. C'est une façon de poser les plus grandes questions : comment sommes-nous arrivés là ? Que va-t-il nous arriver ? Sommes-nous seuls ? Ce sont des questions qui parlent au cœur de toute l'humanité. Et aux dernières nouvelles, les femmes forment la moitié de l'humanité !

Si les sciences de l'Univers et la science-fiction sont simplement des façons d'essayer de comprendre mieux la réalité de notre espèce, alors tous les membres de notre espèce doivent être les bienvenus à y participer. C'est vrai pour les individus de tout genre, toute sexualité, toute origine. Je ne suis intéressée par aucun futur qui n'existerait que pour quelques privilégiés.

LAURENT GENEFORT
L'ESPACE, CREUSET D'HISTOIRES

En France, nous avons la chance d'avoir une littérature de space opera particulièrement riche. Un auteur comme Pierre Bordage maîtrise le genre d'une plume experte où spiritualité et politique viennent se mêler à des aventures spatiales grandioses.

Laurent Genefort est lui aussi un maître français du genre. L'espace est son terrain de jeu et la toile de fond de la majorité de ses romans. Tout se déroule dans un univers interstellaire de sa propre création : la Panstructure. Dans cet univers, l'humanité s'est déployée dans l'espace après avoir découvert d'anciens artefacts, issus d'une civilisation disparue, les « Portes de Vangk ». Ces trous de ver permettent de voyager aux quatre coins de l'univers.

L'écrivain français explore les directions que pourrait prendre la dispersion de l'humanité dans l'espace. Dans sa trilogie *Spire* (Critic) il narre le développement d'une compagnie de transports interstellaire par le biais de laquelle on découvre une grande variété de planètes.

Dans son dernier recueil, *Colonies* (Le Bélial), chaque nouvelle est axée sur le quotidien et les enjeux attachés à une colonie spatiale ou planétaire. Il dépeint alors des environnements très divers, de la planète « patchwork » destinée à la production agricole, à la station spatiale Kibrilon fraîchement désaffectée, en passant par Summa, planète abandonnée à elle-même et soumise à la montée incontrôlable du « sum », ce marécage toxique envahissant peu à peu les quelques espaces terrestres restant.

L'ENTRETIEN

Pourquoi écrivez-vous sur l'espace ? Quelle est la spécificité de ce terreau pour développer des scénarios ?

En fait, il convient de préciser à quel genre d'espace on a affaire. Il y a celui, ultra-réaliste, de *2001 l'Odyssée de l'espace*, et l'espace de *Star Wars* — une représentation fantasmée des océans et des steppes de fantasy.

Le mien se situe quelque part entre les deux : plutôt réaliste, mais qui porte une certaine charge métaphorique. Pourquoi ai-je choisi ce type d'espace, donc de récits, je n'en sais rien. Cela relève sans doute plus d'un choix esthétique que scientifique. Mon réseau de trous de ver, à la base de tous mes romans, me permet de mettre à portée de l'humanité environ vingt mille mondes. Pour moi, c'est avant tout un creuset d'histoires.

Au sein de votre univers, l'essaimage de l'humanité dans l'espace résulte de la découverte d'artefacts appartenant à une ancienne civilisation, les « Portes de Vangk ». L'exploration spatiale de grande ampleur est-elle impossible avec des moyens « simplement » humains ?

J'aimerais me tromper, mais jusqu'à preuve du contraire, les lois de la physique sont implacables. Il est impossible de voyager plus vite que la lumière (très loin s'en faut), et les distances entre les étoiles sont telles que même ainsi, des générations seraient nécessaires pour atteindre une étoile proche.

Quant au reste de la galaxie, n'en parlons pas. Il faudrait une percée conceptuelle majeure pour remettre en cause le modèle cosmologique existant, qui implique que la trame de l'espace-temps ne se laisse pas modeler aussi aisément que dans *Star Wars* ou *Star Trek*. Il semble que les planètes extrasolaires soient à jamais inaccessibles.

Sur la Terre, la mondialisation a entraîné une certaine uniformisation des sociétés humaines autour d'un mode de vie similaire. À l'inverse, si l'humanité se dispersait dans l'espace, une diversification pourrait-elle se produire ?

La mondialisation est un phénomène soutenu par des conditions politiques et économiques spécifiques, en particulier l'avènement des supertankers [bateaux pétroliers]. Sans eux, pas de mondialisation. Pour que perdure un modèle aussi impérialiste, il faut abolir les distances, ce que les supertankers et les communications intercontinentales haut débit permettent de faire.

L'espace restaure au contraire les grandes distances. Il y a tout à parier qu'une société qui s'installerait sur une planète avec un certain degré d'autonomie commencerait à diverger de la société-souche et créerait son propre dialecte, forgerait de nouveaux mythes, de nouvelles valeurs, dans un processus d'adaptation naturelle (*La Grande Explosion* d'Eric Frank Russell en fournit un excellent exemple).

Jusqu'à quel point le mode de vie humain pourrait changer sur une station ou sur une planète? Et quel héritage aurait, à l'inverse, le plus de chances de perdurer ?

Je pense que la réponse à une telle question mériterait au moins une thèse. En tout cas, elle met en exergue un thème typique de la science-fiction : dans quelle mesure l'environnement détermine-t-il notre propre humanité ? La SF tente sinon d'apporter des réponses (ou alors, elle le fait en creux), du moins de poser le sujet sous un angle inusité.

Si l'on prend des exemples dans *Colonies*, c'est-à-dire mon point de vue, on peut voir que la plasticité des sociétés humaines est assez grande. Les problèmes commencent dès que les ressources se font abondantes.

À quels types de problèmes songez-vous ?

À partir du moment où les ressources sont supérieures à ce qui est nécessaire à l'homéostasie d'une société, les dérèglements commencent. Peut-être l'homo politicus s'est-il imposé au moment où est apparu le problème d'allouer les excédents de ressources?

Quand vous évoquez la plasticité humaine, entendez-vous que l'humanité aurait, dans son essence, toutes les capacités pour s'adapter à des conditions radicalement nouvelles ?

Cela, j'en suis persuadé, justement parce que la notion d'« essence » est remise en question, notamment dans la science-fiction. La modernité a mis en lumière notre capacité (au moins spéculative) d'étendre la plasticité hors de l'humain — le thème de la posthumanité ainsi que les implications sociales du transhumanisme explorent cette extension.

Quel système politique permettrait d'encadrer au mieux une population interplanétaire ?

Il y a une différence fondamentale entre les planètes et l'espace, et donc une différence d'organisation politique.

L'espace offre une problématique assez simple : il s'agit d'un milieu si hostile que le système politique (et économique) est polarisé par la survie. Il doit permettre à tous de contribuer à l'effort. C'est le talent, les aptitudes qui priment. La couleur de peau, les options sexuelles, la religion passent forcément au second plan... Et en même temps, la société doit être très cadrante car le facteur de danger numéro un, c'est l'Homme lui-même. C'est ce que je décris dans *Spire* à travers la société des navis.

Pour les colonies planétaires, les options sont aussi vastes que sur Terre : on se retrouve avec des ressources à exploiter. La différence, dans mon univers des Portes de Vangk, c'est la présence d'entités tutélaires, les multimondiales, par rapport auxquelles les sociétés coloniales doivent composer. Ce que je décris néanmoins, c'est un système politique interplanétaire qui, globalement, fonctionne. Non pas parce que cette logique impérialiste est bonne en soi — au contraire —, mais parce qu'elle donne une direction, et que c'est précisément ce qui fait fonctionner une structure d'activité humaine.

Dans certains de vos ouvrages, dont *Colonies*, l'humanité terraforme des planètes pour les cultiver et nourrir ainsi d'autres planètes colonisées. Notre expansion spatiale comporte-t-elle des risques éthiques ?

Je ne me pose pas la possibilité réelle de ce genre de situation : ce que je décris n'arrivera sans doute jamais. Peut-être une planète sur un million est-elle habitable, peut-être aucune. On n'en sait rien, mais la SF n'a pas de compte à rendre à la réalité, on a donc tout loisir de spéculer. Son intérêt se situe là, à mon sens : développer des questionnements très en amont. Kim Stanley Robinson rend compte d'une position plus radicale encore puisqu'il pose la question éthique de terraformer une planète (en l'occurrence Mars) dépourvue de vie. Cela dit, pour ma part, traiter de la biosphère violentée d'autres planètes est une manière décalée de parler de la Terre. Comment peut-on prétendre coloniser d'autres mondes alors que l'on se montre incapables de préserver le nôtre ?

L'odyssée spatiale a-t-elle des points communs avec la colonisation ? Peut-on retomber dans des dérives du passé ?

L'odyssée spatiale a commencé comme une conquête, une course entre nations, avec les oppositions territoriales et idéologiques que cela impliquait. Quand le secteur privé s'en mêle, la notion de profit intervient, ce qui n'est guère mieux... L'espèce humaine n'apprend pas de l'histoire, non parce qu'elle serait intrinsèquement mauvaise, mais parce qu'au niveau collectif, sa capacité d'attention ne dépasse pas quelques décennies.

Quels sont les univers de fiction les plus intéressants quant à l'avenir spatial de l'humanité, et qui vous inspirent ?

Arthur C. Clarke, Kim S. Robinson, Stephen Baxter et d'autres écrivains de hard SF [science-fiction à forte fiabilité scientifique] ont très bien traité de la chose. Ma propre vision du thème a subi l'influence du déjà ancien *La Schismatrice* de Bruce Sterling et de l'apport cyberpunk en la matière.

Au niveau cinéma, les exemples réussis sont rares. *2001* reste un horizon indépassable, mais des films plus modestes sont parvenus à tirer leur épingle du jeu (le trop méconnu film *2010*, ou *Moon*). Au niveau série, je citerais volontiers l'anime *Planètes* (meilleur encore que le manga) et la série *The Expanse*, qui s'améliore de saison en saison.

Couverture de *Colonies*, le recueil de Laurent Genefort, dont l'illustration est signée Manchu.

Vue d'artiste d'une architecture de station spatiale en cylindre O'Neill.
(Nasa / Rick Guidice / domaine public)

PARTIE 4
CONSTRUIRE DANS L'ESPACE

SANDRA HÄUPLIK-MEUSBURGER :
LES DÉFIS EXTRÊMES DE L'ESPACE..P.114

BARBARA IMHOF : L'ARCHITECTURE VIVANTE...........................P.119

Pour qu'adviennent ces futurs lointains décrits par la science-fiction, et avant même que la question de vivre et survivre dans l'espace soit envisageable, il faut pouvoir construire de nouveaux types d'habitats, adaptés à ce milieu. L'architecture spatiale est un domaine à part entière visant à répondre à ce besoin d'innovation.

Les grands modèles architecturaux

Le premier modèle théorique pour une station spatiale idéale, nommé sphère de Bernal, remonte à 1929. Cette sphère serait capable d'accueillir jusqu'à 30 000 habitants, sur une surface de 1,6 km de diamètre.

Une version améliorée est proposée au milieu du XXe siècle par le physicien Gerard K. O'Neill, qui crée le concept de cylindre O'Neill (cf. vue d'artiste sur la page du sommaire). Le principe est basé sur deux grands cylindres en rotation permanente dans des directions opposées. Chacun aurait un rayon de 3 km et une longueur de 30 km… de quoi accueillir des millions de personnes.

Dans son livre *Les villes de l'espace*, le physicien imagine toute l'ergonomie nécessaire pour permettre une vie convenable dans cette station. La gravité artificielle est le premier élément qu'il estime essentiel. Elle serait produite par la rotation des cylindres.

Ensuite, l'intérieur de chaque cylindre serait divisé en six « tranches » alternées : trois tranches de terres dédiées à des habitations et à de la végétation ; trois tranches de miroirs en verre faisant office de fenêtres. Ces dernières permettent capter la lumière du soleil, avec une fonction d'ouverture et de fermeture pour générer un cycle jour / nuit. Des modules extérieurs, tournant à une vitesse différente, seraient dédiés à l'agriculture. Le cylindre O'Neill s'est largement diffusé dans les œuvres de fiction, de *Rendez-vous avec Rama* (1973) d'Arthur C. Clarke jusqu'à, plus récemment, le film *Interstellar* (2014) de Christopher Nolan.

D'autres modèles de station ont été conceptualisés. Parmi les plus populaires, on compte celui d'un tube en forme de roue – tournant sur elle-même par inertie pour générer de la gravité. Ce principe est celui utilisé pour la Station spatiale V dans *2001, l'Odyssée de l'espace*.

Des habitats loin de la Terre

Ces projets architecturaux concernent des stations, mais l'habitat spatial implique aussi l'installation sur une planète comme Mars ou un satellite comme la Lune. Là encore les possibilités ne manquent pas, nous aurons l'occasion de revenir sur ce sujet au fil de cette partie.

L'architecture spatiale n'a pas pour seul but de concevoir les grandes structures au sein desquelles s'installer : la recherche et le développement ont pour tâche de répondre à des problématiques sur les matériaux, l'optimisation de la surface disponible, l'intimité, le confort, la durabilité, l'autosuffisance.

Pour saisir l'ampleur de ces enjeux, nous vous proposons de partir à la rencontre de deux architectes du spatial qui travaillent, dès aujourd'hui, à la conception des logements de demain… bien loin de la Terre.

SANDRA HÄUPLIK-MEUSBURGER
LES DÉFIS EXTRÊMES DE L'ESPACE

« *Nous vivons déjà sur une forme de vaisseau spatial. Alors, pourquoi pas plusieurs ?* »

Docteure et maître de conférences à l'Université technique de Viennes depuis 2005, l'architecte spatial Sandra Häuplik-Meusburger spécialise ses recherches sur l'habitabilité en environnements extrêmes. Elle a travaillé sur de nombreux projets de design de structures et véhicules spatiaux et a fondé Space-Craft Architektur, un bureau d'étude sur l'architecture d'intérieur en milieu terrestre et extra-terrestre.

Vivre sur un vaisseau nécessite tout un travail de conception des espaces, afin que ce soit adapté aux activités humaines auant qu'aux exigences particulières du milieu spatial. L'architecture spatiale recouvre donc de nombreuses disciplines comme l'ingénierie, la physiologie, et même la sociologie et la psychologie. Les espaces au sein d'une station ou d'un vaisseau spatial sont très réduits, du moins pour le moment, et s'assurer qu'ils soient à la fois fonctionnels et agréables à vivre est un enjeu de taille.

La gravité est également un élément central à prendre en compte dans la conception d'une structure spatiale. Il en constitue d'ailleurs, selon Sandra Häuplik-Meusburger, « *l'aspect le plus intéressant* », car « *l'espace constitue un monde en trois dimensions qui bouscule tout ce que nous avons appris sur Terre* ».

L'ENTRETIEN

De nos jours, vivre dans l'espace signifie vivre dans des lieux petits et étroits. On peut imaginer que ce n'est pas plaisant. Comment l'architecture pourrait-elle rendre cela plus confortable à l'avenir ?

Le design, l'agencement et la configuration des espaces physiques (et sociaux) sont au cœur du travail d'un architecte. Un espace petit et étroit ne constitue pas un mauvais espace en soi. Tout dépend de la perception de l'individu dans un espace spécifique. Si vous vous sentez confiné et isolé dans votre environnement, alors, en partant du principe que vous n'êtes pas prisonnier, il s'agit d'un espace mal conçu. Aménager des espaces répondant à des contraintes spatiales et sociales fait appel aux compétences d'un architecte.

Dans notre bureau, nous concevons des habitats minimalistes et fonctionnels, nous imaginons des formes élaborées d'agencements. Nous nous basons sur nos recherches dédiées aux interactions des gens avec des objets et des plantes en milieu extrême. Utiliser tout l'espace disponible est au cœur du travail de l'architecte spatial. Cela requiert un agencement astucieux apte à répondre aux activités de l'utilisateur.

Il y a de nombreuses méthodes pour valoriser un espace. Quand il est petit, une façon efficace pour l'agrandir psychologiquement est de créer des lignes de fuite en guidant l'œil au-dessus des surfaces et objets. Une autre méthode pour surmonter le sentiment d'isolement ou d'ennui est de jouer sur les éléments naturels.

Est-il possible de recréer dans l'espace un habitat en tout point similaire à ce que l'on retrouve sur Terre ?

Oui, il est possible de créer un habitat spatial similaire à ceux sur Terre. La question est : pourquoi voudrions-nous cela ? Il y a plusieurs considérations liées à cette question. Je peux vous en nommer trois. Tout d'abord, les conditions environnementales extrêmes et très différentes de la Terre impliquent de nouvelles exigences structurelles de construction (radiations, micrométéorites, températures...). Il faut répondre à ces exigences si l'on veut vivre là-haut. Dans l'espace, les humains ne peuvent évoluer sans un habitat protecteur. L'architecture doit donc nous protéger pour que nous puissions survivre.

Une autre nécessité dans la conception est de pouvoir explorer et apprécier les caractéristiques particulières de cet environnement. Prenons comme exemple la microgravité. Qui ne voudrait pas « flotter » dans son habitat spatial et utiliser, non seulement le sol, mais toutes les surfaces ?

En outre, tout espace construit pour des humains doit toujours être compatible avec leurs activités, voire même les augmenter. Pour cela, nous devons prendre en considération d'où nous venons, puis nous demander si nos attentes et nécessités sont susceptibles de changer dans un autre environnement (et jusqu'à quel point). Les habitants ne doivent pas utiliser trop d'énergie dans la démarche de s'adapter. Une bonne architecture spatiale prendra en compte à la fois l'activité humaine et les spécificités environnementales du milieu. En cela, un habitat spatial a des similarités avec nos habitudes sur Terre, mais dans le même temps, il représente une typologie de construction totalement nouvelle.

Quelles problématiques architecturales se posent pour construire de plus grandes stations et des vaisseaux remplis de monde ?

Quand il s'agit de futures grandes stations ou de villes spatiales, toute une série de nouvelles questions se présente. Le sujet de la gravité artificielle est en haut de la liste. Des concepts visant à produire une gravité artificielle existent depuis un moment (sphère de Bernal, cylindre O'Neill, Tore de Stanford). Elle sera probablement essentielle pour pouvoir ensuite revenir sur Terre.

Nous savons que les conditions gravitationnelles affectent la santé et le bien-être des astronautes. En revanche, nous ne connaissons pas encore les effets d'une gravité minimale. Nous avons besoin de mener beaucoup de recherches avant de pouvoir établir des modèles architecturaux. Une option à court terme serait de tester, près de la Terre, un habitat spatial muni d'un système de gravité artificielle, afin de voir ses effets sur l'être humain et son fonctionnement.

En plus des caractéristiques non-terriennes à prendre en compte, il faut aussi garder à l'esprit tous les aspects humains qui sont valides sur Terre et qui continuent à s'appliquer dans l'espace. Certains défis vont même s'amplifier dans un environnement extrême. Cela inclut des problématiques sociospatiales, comme la territorialité, la vie privée, l'espace public ; mais aussi des enjeux politiques comme la propriété, la libre circulation, la gestion des ressources et de l'énergie.

Dans la science-fiction, on voit de grands vaisseaux spatiaux qui ressemblent à des paquebots améliorés, avec de grandes salles, des restaurants, des lieux de loisirs. Est-ce crédible pour le futur ?

Puis-je créditer Jules Verne ici ? Il a affirmé que « *tout ce qu'un homme peut imaginer, d'autres hommes peuvent le rendre réel* ». Donc oui ! Nous le pouvons. De nos jours, la question est : pourquoi devrions-nous le faire ? Je ne suis pas fan du « faisons-le parce que nous le pouvons ».

J'imagine bien de gros vaisseaux spatiaux quand nous aurons commencé à voyager dans l'Univers, mais pas pour une mission sur Mars. Il ne suffira pas d'avancées technologiques pour passer ce cap.

D'un point de vue architectural, la Station spatiale internationale est-elle bien configurée pour y vivre ?

L'ISS est une station de recherche et n'est pas faite pour « vivre » dans l'espace. Les astronautes travaillent dur lorsqu'ils sont à bord de la station. Ils utilisent évidemment leur temps de la façon la plus efficace possible, mais cela représente beaucoup de temps de travail par rapport un temps libre réduit (d'autant plus apprécié). L'ISS n'a pas non plus été conçue pour les joies de la gravité.

Pour autant, les astronautes trouvent des moyens pour apprécier l'impesanteur, la vue sur la Terre et toutes ces autres choses qui n'arrivent qu'une seule fois dans une vie. Bien sûr, cela peut toujours être mieux. Mais, à ce que j'ai pu constater dans mes entretiens avec des astronautes et en suivant l'actualité, la Station spatiale internationale a une bonne répartition des espaces communs et privés. Elle fournit de grands espaces à usages multiples. Lorsque j'interroge les astronautes sur leur endroit préféré dans la station, je reçois des réponses très diverses, ce qui me semble un très bon signe de flexibilité.

D'après eux, l'équilibre entre l'intimité et la communauté ne constitue pas un gros enjeu dans le cadre de missions courtes. Mais, pour des missions longues et isolées, c'est un vrai souci. Il sera essentiel de concevoir des territoires personnels ainsi que des espaces pour des groupes plus ou moins grands.

Il est important d'avoir la possibilité de s'écarter d'une situation désagréable et de se ressourcer. Il faut aussi pouvoir se retrouver avec quelques personnes sans que les autres ne le sachent et, bien sûr, disposer d'un grand espace capable de réunir la communauté entière pour des activités sociales.

BARBARA IMHOF
EDEN ISS : L'ARCHITECTURE VIVANTE

Nous avons eu l'occasion d'évoquer en profondeur le projet d'une station lunaire orbitale, le Lunar Orbital Platform-Gateway. Sa conception nécessite l'implication d'architectes spatiaux. Barbara Imhof en fait partie. Diplômée d'un doctorat en architecture spatiale à l'Université technique de Vienne, sa thèse portait sur les missions habitées de longue durée. Elle fut ensuite à l'initiative du sous-comité d'architecture spatiale de l'Institut américain d'aéronautique et d'astronautique.

Dorénavant, Barbara Imhof est la directrice de la plateforme Liquifer, qu'elle a participé à fonder. L'idée : regrouper des experts de disciplines variées, en architecture, en design, en ergonomie, en ingénierie, en physique et en technologie spatiale. Ensemble, ils examinent la faisabilité de projets, étudient des scénarios et réalisent des maquettes ou prototypes pour les programmes d'exploration menés par différents acteurs de l'industrie spatiale.

Depuis 2018, l'équipe de Liquifer planche sur la structure I-HAB, un module destiné à l'habitation de longue durée dans la future station orbitale lunaire. En parallèle, elle est chargée d'étudier les possibilités pour mettre en oeuvre un système d'impression 3D pour la construction, l'exploitation et la maintenance d'une base à la surface de la Lune.

Les serres EDEN ISS

Depuis quelques années, le milieu de l'architecture connaît un certain renouveau autour d'un mouvement visant à intégrer le « vivant » dans les constructions. Il s'agit d'appliquer aux bâtiments des modèles et dynamiques issus de la nature. Barbara Imhof est très impliquée dans l'architecture vivante. Son objectif : adapter ce concept au spatial.

Dans le cadre de missions sur le long terme, assurer la survie et la bonne santé des astronautes implique de développer de nouvelles technologies pour maintenir un contrôle permanent sur leur environnement immédiat (gérer les déchets, l'approvisionnement en eau, en oxygène et en nourriture de manière durable).

C'est là qu'intervient un projet sur lequel travaille Barbara Imhof : les serres EDEN ISS. Encore en phase expérimentale en Antarctique, ce projet vise à assurer un système de production de nourriture saine à bord de l'ISS ou de toute autre station spatiale dans le futur. Ces serres nécessitent l'intervention d'une architecte pour qu'elles puissent parfaitement s'intégrer dans la structure d'une station (éclairage, répartition des plateaux cultivables en hauteur et en largeur, etc.).

L'ENTRETIEN

Vous travaillez avec l'ESA sur la conception d'une base spatiale à partir d'une technologie d'impression 3D. En quoi cette technique est-elle avantageuse ?

L'impression 3D permet d'ajuster des éléments à des besoins et fonctions spécifiques. Grâce à cela, nous pouvons économiser en matériaux et en masse. Or, minimiser la charge de transport est important pour aller dans l'espace. Récemment, il y a eu beaucoup d'études pour développer des matériaux d'impression recyclés à partir de plastiques usagés ou bien constitués de substances naturelles (comme la cellulose, dérivée de la biomasse produite dans une serre). Une dernière option est d'avoir recours à des ressources locales comme le sable lunaire ou martien.

Ces caractéristiques et potentialités de l'impression 3D la rendent idéale pour une application dans l'espace. Dans le projet RegoLight, nous avons développé l'imprimante 3D Solar Sinter. Cette technologie de pointe permet de créer des éléments géométriques

Les serres EDEN ISS permettent de faire pousser différents types de légumes. (© EDEN ISS / DLR)

L'expérimentation est actuellement basée en Antarctique.
(© EDEN ISS / DLR)

emboîtables à partir du régolithe lunaire, en utilisant seulement l'énergie solaire. Les pièces produites peuvent être empilées afin de protéger les habitats lunaires contre la poussière et les radiations.

Elles peuvent aussi permettre de créer des abris pour les machines et de paver le sol pour éviter de soulever trop de poussière lorsqu'on opère sur la surface lunaire. Grâce à une géométrie en caténaires, l'assemblage de ces enveloppes protectrices nécessite très peu d'échafaudages, les pièces se maintiennent entre elles.

Quel genre de matériaux de construction devez-vous utiliser pour l'architecture spatiale ?

Le spatial est un secteur prudent puisque tout le matériel de vol doit être testé pour résister aux radiations et à des températures extrêmes. Les matériaux d'architecture intérieure utilisés pour les habitations ont besoin d'être ignifugés, légers et solides. Par conséquent, le Nomex est une matière largement utilisée [marque de fibre synthétique haute performance]. Des technologies comme l'impression 3D nous permettent de réutiliser des matériaux qui ont déjà été emmenés dans l'espace ou d'utiliser les ressources locales comme c'est le cas pour le projet RegoLight.

Nous devons encore explorer l'entière capacité des substances naturelles comme la cellulose, en particulier parce qu'elles pourraient être présentes sur de futures bases au-delà de la Terre. Les feuilles des légumes que nous faisons pousser et que nous ne mangeons pas constituent une large quantité de biomasse qui peut être utilisée sous forme de matériaux légers et solides pour imprimer des fournitures en 3D (vêtements, vaisselle, cloisons, mobilier).

De quelle façon le concept d'architecture vivante peut-il servir à l'architecture spatiale ?

L'architecture vivante fonctionne comme un bioréacteur, c'est-à-dire que cela produit de l'énergie à partir de ressources naturelles. La programmation est adaptative et permet diverses fonctionnalités : générer de l'énergie électrique pour entretenir le système ; nettoyer les eaux usées et l'urine à l'aide d'une pile microbienne ; récupérer la précieuse ressource qu'est le phosphate dans l'eau nettoyée grâce à des consortiums microbiens synthétiques ; apporter de l'oxygène et de la biomasse au système à travers un photobioréacteur (des piles à algues). L'architecture vivante transforme nos foyers dans le traitement des déchets : nous les utilisons comme des ressources. Ce projet vise un système circulaire similaire à ce que nous devons concevoir pour les vaisseaux spatiaux.

L'architecture vivante pourrait faire partie d'un système biorégénératif de support de vie. Elle présente des similarités avec le projet européen MELiSSA qui vise à concevoir un système de support de vie en boucle fermée. C'est nécessaire dans le cadre d'une mission spatiale de longue durée sur la Lune ou sur Mars.

Vous travaillez sur I-HAB, un module habitable pour la future station orbitale Gateway. Quels sont les défis techniques auxquels vous faites face dans ce projet ?

L'I-HAB est un petit module de 78 mètres cubes, dans lequel sont intégrés un tableau de bord et des fonctions vitales. Outre le fait qu'il doit être adapté à la réalisation d'expériences scientifiques, ce module doit répondre aux mêmes besoins qu'un habitat standard : dormir, manger, se laver et faire de l'exercice. Chaque centimètre cube compte et doit être utilisé. La conception se fait dans un espace minimal. Il fallait d'abord que nous envisagions les différences façons possibles d'organiser ces fonctions dans l'espace, et ce au regard des critères d'ingénierie. Les besoins ont été établis en testant la répartition spatiale avec une modélisation 3D.

Nous avons conçu les quartiers de l'équipage de façon déployable et adapté le mobilier à la microgravité afin qu'il puisse être converti pour différentes utilisations. L'idée est d'être multifonctionnel, avec différentes configurations possibles.

En ce moment, nous étudions les différentes conditions de luminosité, comment améliorer la qualité de vie dans ce type de module à travers des variations de lumière. Par la suite, nous allons approfondir les différents matériaux de construction et leurs propriétés acoustiques. Le système de support de vie, avec ses pompes et ses ventilateurs, produit une nuisance sonore qui est gênante pour les astronautes.

Notre ambition pour l'architecture spatiale, c'est de choisir des matériaux légers, qui étouffent le bruit et qui soient esthétiquement plaisants. Il faut une conception sophistiquée où l'ingénierie et la technologie priment.

Vous travaillez également sur EDEN ISS en Antarctique. Quel est le but de cette expérimentation ?

L'approvisionnement en vivres des membres de l'équipage s'avère être un élément crucial pour la future exploration humaine de mondes inconnus. Développer des innovations dans la culture d'aliments en boucle fermée devient partie intégrante des futures missions.

L'objectif du projet EDEN ISS est de faire avancer la recherche sur les technologies d'agriculture en environnement contrôlé. Il se focalise sur la culture de plantes dans l'espace. EDEN ISS développe une production d'aliments sains pour la Station spatiale internationale, mais aussi pour les futurs véhicules d'exploration spatiale et avant-postes planétaires.

Les serres d'EDEN ISS disposent d'un système aéroponique. C'est une culture hors-sol, ce qui signifie que les racines des plantes ne sont pas dans l'eau ni dans le sol – elles sont juste suspendues dans l'air, dans une boîte noire. Le système d'approvisionnement nutritif leur vaporise une solution nutritive toutes les dix minutes. Lorsqu'on veut aller dans l'espace, il faut limiter les ressources et donc réduire autant que possible le poids de la serre. Le système entier d'EDEN ISS fonctionne presque automatiquement, il n'est donc pas nécessaire que quelqu'un arrose les plantes. Pour de futures bases sur la Lune et sur Mars, il est important d'accorder peu de temps à ce genre de maintenance.

Le complexe EDEN ISS se compose de trois parties principales. Tout d'abord, l'entrée couverte, une sorte de SAS entre l'environnement de l'Antarctique à l'extérieur et l'espace intérieur chaud. Ensuite, la section des services, comprenant le système d'approvisionnement nutritif, le système de gestion de l'air, le système d'information et un espace de travail avec des tableaux de bord et une cuvette de lavage pour déposer les plantes récoltées. Et enfin, la FEG – Future Exploration Greenhouse – où les plantes sont cultivées.

L'Antarctique est tout aussi extrême qu'un jour chaud de l'été martien. C'est l'endroit sur Terre dont les conditions sont les plus proches d'une vie dans l'espace. Voilà une plateforme d'essai idéal pour les futures missions sur la Lune et sur Mars. Qui plus est, la serre EDEN ISS est située près de la station de recherche allemande Neumayer II, donc les légumes produits constituent de réels suppléments à l'alimentation de l'équipage hivernant en Antarctique. Nous cultivons un certain nombre de plantes : concombres, poivrons rouges, laitues, blettes, roquette, fraises, tomates et ciboulette.

En Antarctique, vous devez transporter tous les déchets avec vous ou bien les recycler. On ne laisse rien derrière soi. Ce continent est une zone entièrement protégée. Dans l'espace, on doit réfléchir à quel autre usage les déchets peuvent être réaffectés. Comme je l'ai déjà dit, on peut extraire la cellulose des feuilles de légumes restantes et, à partir de ça, imprimer en 3D les assiettes, couverts, du mobilier ou tout autre bien nécessaire à une base.

Les tests d'EDEN ISS sont-ils couronnés de succès ?

Les premières conclusions sont surtout qu'il nous faut encore davantage de temps pour étudier les résultats actuels en profondeur. Cela nous aiderait à comprendre la contamination microbienne, à optimiser la consommation d'énergie et à étudier de plus près l'impact positif des aliments frais sur l'équipage.

Actuellement, le système de gestion de l'atmosphère et de la température consomme approximativement 50 % du total des besoins en énergie. En comptant les lumières LED, cela monte à 70 %. En comparaison, les systèmes restants, comme celui d'approvisionnement nutritif, n'utilisent que très peu d'énergie. Grâce à cette information, les ingénieurs veulent à présent rechercher de meilleurs composants et une meilleure programmation du système pour réduire la quantité d'énergie nécessaire à son fonctionnement.

Les évaluations finales sont toujours en cours. Mais la serre est en train d'être renouvelée et sera opérationnelle au moins jusqu'en 2021. Avec un équipage ravi et des récoltes records de 270 kg de légumes frais en neuf mois (environ 5 kg par semaine sur une surface de culture de 12.5 mètres carrés), le premier test a été un succès.

Pour les deux prochains hivers, des cultures supplémentaires et différentes sont envisagées. Un petit espace confiné et contrôlé peut produire des rendements très intéressants. Trois membres d'équipage de l'Institut Alfred Wegener piloteront la serre cet hiver et ils y feront de nouvelles récoltes. L'hiver suivant, un jardinier spécialisé du Centre allemand pour l'aéronautique et l'astronautique sera envoyé en Antarctique afin de faire progresser la recherche.

Est-il possible de mettre en place un habitat spatial totalement écologique ?

Aujourd'hui, nous sommes déjà capables de construire des habitats qui impactent peu la Terre et l'espace en matière de pollution. Le défi est de faire évoluer l'industrie du bâtiment. Or, un changement dans les techniques conventionnelles a un coût. L'Union européenne conçoit des directives afin de rendre le bâtiment écoresponsable. Ce sont ces lois qui aident à renverser le statu quo, car les technologies et matériaux existent déjà.

L'administration spatiale nationale chinoise a déjà construit une plateforme d'essai à Pékin : le Palais Lunaire. Ce dernier fait démonstration d'un système de support de vie à boucle quasiment fermée. Dès que nous arriverons à clore cette boucle, nous pourrons bâtir des habitats non polluants dans l'espace et sur Terre qui recyclent tous les déchets en ressources. Notre projet « City as a Spaceship » est basé sur une idée similaire – des bâtiments sans impact sur leur environnement. Nous pensons que ce projet, en partant du modèle d'un vaisseau spatial à boucle fermée, pourrait être appliqué aux grandes villes.

Vue intérieure des serres EDEN ISS. (© EDEN ISS / Bruno Stubenrauch)

Les serres sont surveillées depuis le centre de contrôle, situé dans le même bâtiment. (© EDEN ISS / Bruno Stubenrauch)

Artwork du jeu vidéo de gestion *Surviving Mars*, édition Green Planet. (Image : jacquette officielle)

PARTIE 5
VIVRE DANS L'ESPACE

LUCIE POULET : UN ESPACE DURABLE..p.132

ANN-SOFIE SCHREURS & JOHN CHARLES :
LA MÉDECINE SPATIALE..p.138

Une fois installé dans une station spatiale, si ce n'est au sein d'une colonie lunaire ou planétaire, l'équipage va devoir survivre sur le long terme. Il lui faut de l'air, de l'eau, de la nourriture. C'est là qu'interviennent les systèmes de supports de vie en autonomie. Cette technologie a pour but de générer un écosystème fermé où les astronautes peuvent produire et recycler sans intervention extérieure.

Si la Station spatiale internationale est approvisionnée de manière régulière, ce n'est pas envisageable pour une mission plus éloignée, comme sur Mars. L'option d'embarquer directement avec toutes les ressources n'est pas non plus imaginable, tant le poids et le coût seraient faramineux. Vivre dans l'espace implique indéniablement d'être capable de s'affranchir au maximum du soutien terrestre. Le recyclage et la bio-régénération apparaissent comme la seule solution viable.

Le support de vie MELiSSA

L'Agence spatiale européenne planche depuis 1989 sur un système baptisé MELiSSA (Micro-Ecological Life Support System Alternative). « *L'objectif du projet est l'autonomie de l'équipage, et donc de produire l'eau, l'oxygène et la nourriture pendant la mission. Cette production, pour réduire les masses embarquées, ne peut se faire que grâce au recyclage des déchets et par un concept circulaire* », nous confirme Christophe Lasseur, qui dirige ce programme.

Dans la boucle, les déchets, l'eau et le dioxyde de carbone sont recyclés pour être transformés en air et en nourriture, et ainsi de suite. Le processus est possible grâce à l'intervention de plantes, de bactéries et de microalgues choisies pour leurs fonctions spécifiques. La spiruline est, par exemple, une algue idéale pour plusieurs raisons : il s'agit d'un aliment bien nutritif, riche en vitamines et qui rejette beaucoup d'oxygène.

Pour en arriver à de délicieux plateau-repas comme l'on peut en trouver à bord des vaisseaux de *Star Trek*, il va falloir franchir encore de nombreuses étapes. « *Les conditions spatiales font qu'il y a une différence de perception du goût chez les astronautes. Il faut en tenir compte*, relève Christophe Lasseur. *C'est pourquoi on a testé un grand nombre des recettes MELiSSA lors d'un bed rest* [cure de repos dans un lit] *organisé à l'Institut de médecine et de physiologie spatiale de Toulouse. Après, nous ne sommes pas du tout dans une approche jardin d'Eden. Il est possible qu'à très long terme on puisse considérer le confort, mais il faudrait que l'on maîtrise beaucoup mieux la compréhension des écosystèmes.* »

Le système MELiSSA devrait être capable d'assurer une autonomie sur trois ans, c'est-à-dire la durée prévue pour une mission martienne. Christophe Lasseur est confiant : « *Nous avons déjà démontré au sol le fonctionnement du recyclage du CO^2 et de l'urine pendant de nombreux mois. La partie production de l'oxygène a été démontrée pendant un mois sur la Station spatiale internationale.* »

LUCIE POULET
UN ESPACE DURABLE

    Lucie Poulet dédie sa carrière à mettre au point des méthodes de développement durable et de recyclage des ressources, que ce soit dans l'espace ou sur Terre. Elle a d'ailleurs participé à plusieurs reprises au projet MELiSSA que nous avons cité en introduction.
    La végétation est au cœur du travail de cette scientifique française : alors même qu'elle est encore étudiante, en master de génie aérospatial, elle se penche déjà sur les systèmes d'éclairage intelligent des plantes. Quelque temps après, elle part vivre une simulation de base martienne, dans le désert de l'Utah, avec pour rôle de veiller sur les serres et de trouver des solutions pour les améliorer.
    Elle enchaîne avec une seconde expérience de simulation de base martienne, mais l'isolement est cette fois plus grand. L'habitat est situé aux abords d'un volcan, à Hawaï, où elle cohabite plusieurs mois avec six personnes. Elle doit étudier les effets des longueurs d'onde de la lumière sur la croissance des plantes et les différentes méthodes pour cultiver des fruits et légumes en totale autonomie.
    De retour en France, elle se lance dans un doctorat et obtient un financement (du CNRS et du Centre national des études spatiales) pour travailler sur la croissance de plantes en environnement de gravité réduite, afin que ce soit appliqué dans les systèmes de support de vie. Elle exerce désormais au Kennedy Space Center de la Nasa. Nous avons abordé avec elle les différentes façons d'utiliser les plantes pour la vie dans l'espace ; mais aussi le menu d'une éventuelle alimentation martienne.

L'ENTRETIEN

Quels sont les besoins vitaux auxquels les systèmes de support de vie doivent répondre ?

Les systèmes support-vie assurent les fonctions vitales à la survie humaine : provision d'air respirable, d'eau potable, de nourriture et élimination des déchets. En outre, le maintien d'une température adéquate fait partie des fonctions de l'ensemble plus vaste Environmental Control and Life-Support System, souvent appelé ECLSS.

Un système support-vie régénératif permet de faire tout cela en recyclant les ressources. Sur la Station spatiale internationale, l'eau est recyclée à plus de 90 % à partir de l'urine des astronautes et du condensat de l'air ambiant en utilisant des processus physico-chimiques (filtration et distillation).

À noter que les systèmes de recyclage de l'eau sont différents côté russe et côté américain : les Russes refusent de boire leur urine recyclée et ne récupèrent donc que le condensat de l'air. L'air est également en partie recyclé avec des méthodes physico-chimiques : capture du CO_2, transformation du CO_2 en eau, transformation de l'eau en oxygène. En revanche, la nourriture est ravitaillée régulièrement et les déchets sont brûlés dans l'atmosphère.

La seule manière de produire de la nourriture est d'utiliser des processus biologiques. On parle alors de système support-vie biorégénératif, c'est-à-dire un système support-vie régénératif utilisant une combinaison de processus physico-chimiques et biologiques. C'est le cas de MELiSSA.

Le principe de « boucle fermée » peut-il entièrement combler tous ces besoins ?

Une boucle fermée fait en réalité référence à un système support-vie régénératif ou biorégénératif. Il peut effectivement combler tous ces besoins. En revanche, nous ne sommes pas capables de recycler à 100 %, quelles que soient les méthodes utilisées. Il faudra donc envisager de « recharger » la boucle régulièrement, par exemple en utilisant les ressources disponibles sur place.

Quel rôle ont précisément les plantes dans les systèmes spatiaux de vie en autonomie ?

Comme je l'ai dit plus haut, la seule manière de produire de la nourriture est d'utiliser des processus biologiques : plantes, algues, bactéries, insectes, animaux. Le gros avantage des plantes (et des microalgues), c'est qu'en plus de produire de la biomasse et donc de la nourriture, elles produisent aussi de l'oxygène en captant du CO^2 et elles transpirent de l'eau pure (c'est le principe de la photosynthèse).

De plus, les plantes apportent une grande diversité alimentaire : suivant les espèces cultivées, nous pouvons couvrir tous les besoins nutritionnels d'un régime alimentaire équilibré. Les microalgues, au contraire, ne couvrent que les besoins en protéines. Elles sont donc de bons compléments, mais ne peuvent être utilisées comme seule source de nourriture.

Les plantes peuvent-elles être impactées par une gravité différente de la gravité terrestre ?

Assurément des différences sont observées sur les plantes qui poussent en orbite terrestre, par rapport à celles qui poussent sur Terre. Il n'est pas toujours facile de déterminer ce qui est dû à la gravité réduite et ce qui est dû à l'environnement confiné d'une station spatiale, ou encore aux radiations.

Ce que l'on sait c'est que les plantes peuvent pousser relativement normalement en orbite terrestre. On note des différences au niveau des racines qui ne poussent plus dans une direction privilégiée (sur Terre elles suivent la direction de la gravité). L'autre « problème » c'est qu'en impesanteur, il n'y a pas de convection naturelle — mouvements d'air résultant des différences de densités des masses d'air (moins l'air est dense, plus il monte). En gravité réduite, cette convection existe, mais en moindre intensité. Ainsi, des couches d'air stagnant ont tendance à se former autour des feuilles, qui sont rapidement saturées en vapeur d'eau et dépourvues de CO_2, ce qui limite considérablement la photosynthèse. À terme, en impesanteur, les plantes ne peuvent pas pousser normalement... ce qui peut être amélioré en ajoutant de la ventilation forcée. L'enjeu est que cette dernière soit homogène et bien dosée (trop de vent est préjudiciable).

Quels types et quelle diversité d'aliments peut-on produire dans l'espace ?

Pour l'instant, le type le plus important de plantes ayant poussé dans l'espace sont des légumes-feuilles (laitues en tout genre, pak choï, mizuna, chou, etc.), qui sont de très bons compléments au régime alimentaire des astronautes. Cela apporte une diversité dans la texture, le goût. Il y a aussi eu d'autres plantes : oignons, pommes de terre, blé nain, riz, radis, concombre, herbes diverses. Et je dois en oublier plein d'autres.

Une expérience imminente dans le système Veggie de la Nasa, qui se trouve dans l'ISS, aura bientôt lieu avec des tomates cerises naines. Et en ce moment, au Kennedy Space Center où je travaille, des expériences sont en cours sur des poivrons (au sol pour l'instant) et sur les microgreens (pousses de toutes sortes de légumes récoltées au bout de 15 jours et utilisées en salade). Récemment, ils avaient fait des tests au sol sur des pruniers nains.

Les critères qui vont aider dans le choix sont : apport nutritionnel, taille / volume à maturité, facilité de production, utilisation des ressources, indice de récolte (ratio partie comestible / partie non comestible), palatabilité (plaisir du goût).

À part les plantes et les algues, aucune autre source de nourriture n'a été testée dans l'espace à l'heure actuelle. L'idée à terme est d'avoir une diversité qui couvrirait tous les besoins alimentaires (davantage sur une surface planétaire / lunaire qu'en orbite terrestre ou en voyage interplanétaire). Si l'on envisage uniquement des plantes et algues, il faudra des plantes riches en glucides (ex. : pommes de terre), en protéines (ex. : soja) et en lipides (ex. : cacahuète). Mais on peut aussi très bien envisager d'amener des insectes.

À quoi pourrait bien ressembler le déjeuner d'une martienne ?

Si tous les ingrédients sont produits sur place, on pourrait imaginer un déjeuner martien à moyen / long terme comme ceci :
- Entrée : une salade composée – laitue rouge, poivrons grillés, radis, betterave, tomates cerises et micropousses avec une sauce au vinaigre de riz et à l'huile de cacahuète, accompagnée d'un pain à la farine de blé et à la spiruline.
- Plat : galettes composées de pommes de terre, oignons, haricots rouges, champignons et poudre de criquet (optionnel !), accompagnées de riz à la sauce tomate et basilic et d'un sauté de chou et carottes.
- Dessert : petit gâteau spiruline miel accompagné de fraises et prunes.

Les systèmes de support de vie pourront-ils être écologiquement propres ?

Le principe d'un système support-vie en boucle fermée est de fonctionner sans agents nocifs pour la santé, car nous sommes en environnement confiné et, si on produit de la nourriture, ces agents se retrouveront dedans. Maintenant le principe même de « pollution » est un peu bizarre pour l'espace. En effet, sur Terre la pollution fait référence à la pollution des écosystèmes. Or dans le vide spatial ou sur la Lune il n'y a pas d'écosystème, donc que pourrions-nous polluer ? (Sur Mars il pourrait y avoir des formes de vie, donc là c'est encore un autre problème.)

Que peuvent apporter à notre vie sur Terre les avancées concernant la vie spatiale ?

La recherche spatiale et le développement de technologies spatiales ont déjà apporté beaucoup. Maintenant, si on se penche en particulier sur les écosystèmes artificiels et les systèmes de croissance de plantes et d'algues développés pour l'espace, les applications terrestres sont multiples, du traitement des eaux, à la production plus efficace de nourriture, ou encore au développement de compléments alimentaires luttant contre le cholestérol.

À l'astronaute qui est en vous et qui a effectué des expériences de simulation : est-ce qu'il y a des éléments environnementaux et sociaux de notre planète mère qui peuvent rendre la vie spatiale au long terme difficilement soutenable ?

J'ai effectué quatre missions en tout : une de quatre mois et trois de deux semaines. Un élément, qui a déjà été observé dans toutes les missions en isolement (bateaux, Antarctique, ISS, etc.), c'est que l'équipage se lasse de la nourriture lorsque celle-ci est trop répétitive. Personnellement, j'ai pu le ressentir un peu sur une mission de deux semaines où nous mangions des rations de l'armée polonaise, pas très variées. L'agrément de certaines herbes que nous avions fait pousser a rendu les repas beaucoup plus appréciables.

Lors de ma mission de quatre mois, plusieurs de mes coéquipiers se sont lassés de la texture des aliments, toujours mous car nous les réhydrations (nourriture lyophilisée), alors que nous avions un très grand choix d'aliments. D'où l'importance des recherches sur la nourriture lors des missions longue durée. C'est loin d'être une donnée secondaire ou triviale. D'un point de vue social, c'est peut-être le manque de spontanéité et la routine qui seraient les plus durs à supporter. Sur les missions les plus longues, il a été reporté un manque de la nature et de la lumière naturelle.

Est-ce qu'il y a des moyens de pallier ces manques ?

Concernant la nourriture : la possibilité de varier les goûts et les textures. Concernant l'aspect social : faire de chaque petite occasion un jour spécial et le célébrer ; organiser des surprises à ses coéquipiers. Concernant l'aspect nature : des outils de réalité virtuelle et des lumières spéciales peuvent aider.

ANN-SOFIE SCHREURS & JOHN CHARLES
LA MÉDECINE SPATIALE

« *Il ne semble pas y avoir quoi que ce soit d'intrinsèque au vol spatial qui soit inévitablement mortel* », affirme d'emblée John Charles, ancien chef scientifique du Human Research Program, le programme de la Nasa dédié à la santé spatiale. Il a rejoint le Kennedy Space Center dès 1983 pour étudier les effets cardiovasculaires de la Navette spatiale américaine sur les astronautes. Par la suite, il a dirigé les missions scientifiques américaines de la station Mir (1986-2001).

L'espace est un milieu rempli de dangers pour le corps et l'esprit humain, mais la médecine spatiale s'attèle à comprendre chacun des problèmes qui se présentent, pour trouver des solutions. C'est le travail actuel d'Ann-Sofie Schreurs, chercheuse en biosciences spatiales à la Nasa. Ses travaux visent à déterminer des contre-mesures, des réponses viables au long terme, à la perte musculaire subie par les astronautes dans l'espace.

Dans cette partie, nous avons souhaité vous proposer un entretien croisé entre ces deux spécialistes. Leurs expériences complémentaires permettent de comprendre avec plus de justesse les problématiques physiologiques et psychologiques qui doivent être résolues pour que, demain, vivre dans l'espace soit une possibilité sans danger pour l'être humain. Vous pourrez observer quelques différences dans leurs réponses, mais aussi des moments où leurs propos se rejoignent.

L'ENTRETIEN

Quels sont les principaux effets connus du vol spatial sur la santé humaine ?

John Charles : Les principaux effets connus comprennent le mal de l'espace dû à la réaction à l'impesanteur du système vestibulaire [un organe sensoriel, situé dans l'oreille interne, qui contribue à la sensation de mouvement et à l'équilibre] ; les changements cardiovasculaires répondant à la réduction et à la redistribution des fluides corporels ; l'atrophie musculaire ; la déminéralisation osseuse ; les bouleversements psychologiques ; ainsi que les effets dûs à une exposition aux radiations.

À l'exception des conséquences des radiations, ces changements sont des réponses normales d'êtres humains en bonne santé à un environnement de vol spatial en impesanteur dans un véhicule confiné. La plupart semblent réversibles de retour sur Terre, même si c'est seulement après une période de réadaptation. L'astronaute peut donc se sentir mal au début, le temps de récupérer.

Pour que l'exposition à des radiations ait des conséquences profondes, il faut qu'elle soit prolongée. Compte tenu de la durée actuelle des missions, le seul risque serait qu'un astronaute sans protection soit exposé à une éruption solaire majeure – mais c'est évité par une bonne planification des missions.

Ann-Sofie Schreurs : Beaucoup de questions demeurent sans réponse au sujet des effets du vol spatial sur le corps humain. Nos soixante ans d'expérience nous ont permis d'en arriver à une vision assez claire de l'adaptabilité du corps à la microgravité. Au-delà des expériences permises par les missions Mercury, Gemini, Apollo, Skylab et Space Shuttle, il y a eu énormément de découvertes grâce aux plus longues missions sur la Station spatiale internationale.

Par exemple, le syndrome neuro-oculaire associé au vol spatial (dégradation de la vue) a été découvert après un séjour prolongé sur la station. Il n'avait pas été remarqué ou signalé au cours de missions plus courtes. Nous savons que les tissus principalement affectés sont les muscles et les os. Cela donne lieu à une perte de masse musculaire et osseuse.

À chaque vol spatial, nous en apprenons davantage sur ces effets et comment prévenir les endommagements qu'ils causent. Certaines conséquences sont semblables au vieillissement, comme la perte de masse osseuse. Les recherches menées par la Nasa vont fournir des informations pour les astronautes, mais aussi pour la population sur Terre. Si nous voulons vivre sur d'autres planètes, nous devons prendre en compte la baisse de gravité, mais également d'autres facteurs de stress comme l'isolation et les radiations. Pour surmonter ces défis, il faudrait donc trouver des solutions nutritives, pharmaceutiques, ou sous forme d'exercice physique.

Combien de temps un humain peut-il passer dans l'espace sans dommages irréversibles, voire mortels ?

Ann-Sofie Schreurs : La Station spatiale internationale est l'un des meilleurs laboratoires pour découvrir sur l'être humain les effets physiologiques et potentiellement pathologiques d'un séjour prolongé dans l'espace.

Ses missions d'une durée de six mois font office d'équivalent aux six mois de voyage en microgravité pour le trajet Terre-Mars. Il y a toute une variété de réactions parmi les astronautes, mais en tant qu'humains nous nous adaptons généralement assez bien. Récemment, une mission d'un an a été couronnée de succès et nous étudions encore l'étendue de ses répercussions. Il est prévu que d'autres missions se prolongent prochainement au-delà des six mois de référence.

Mais, même après un mois dans l'espace, des effets importants sont observés dans divers tissus. Rester plus longtemps peut affecter davantage le corps, et alors certains changements ne se résolvent pas complètement au retour sur Terre. Nous sommes toujours aux balbutiements de la recherche en biologie spatiale et nous devons poursuivre nos études de façon plus approfondie. La récente Twins Study de la Nasa révèle la résilience du corps humain dans l'espace, mais nous ne disposons que d'un ensemble de données très restreint à partir duquel tirer des conclusions. Du point de vue médical, la mission ne s'arrête jamais vraiment tant que l'astronaute est vivant. Tout au long de sa vie, nous continuons à surveiller les changements physiologiques et les potentielles implications au long terme à travers notre programme Lifetime Surveillance of Astronaut Health et à l'aide de l'Astronaut TREAT Act.

Est-ce que la vie dans l'espace a aussi ses impacts psychologiques propres ?

Ann-Sofie Schreurs : Oui, le vol spatial impacte à la fois la physiologie (le corps) et la psychologie (l'esprit). Le stress, le bruit et l'isolation sont quelques exemples de problèmes qui peuvent affecter les astronautes et leur santé mentale. Les effets varient d'une personne à l'autre.

Des études sont actuellement menées à ce sujet. Certaines mises en situation, en Antarctique, dans des mines ou dans des sous-marins peuvent nous apporter davantage d'informations sur ce genre d'impacts. Les astronautes sont hautement entraînés et très qualifiés pour les missions spatiales, et ces dernières ont globalement toujours été réussies.

John Charles : Jusque-là, les astronautes ont été soigneusement sélectionnés pour être psychologiquement à même de supporter l'environnement éprouvant du vol spatial.

Parfois, il y a eu des problèmes d'ordre psychologique qui seraient survenus que l'on soit ou non dans l'espace. On peut relever aussi quelques différends entre les astronautes... Et plus encore entre eux et le centre de contrôle sur Terre. En dépit de ses efforts, le personnel au sol ne peut pas toujours comprendre les conditions des astronautes. Ces derniers ont également eu des moments délicats, lorsque leurs expériences scientifiques les plus importantes ne fonctionnaient pas correctement ou lorsqu'ils apprenaient qu'un être cher était malade, blessé, voire décédé. Dans l'espace, les astronautes partageront toujours les mêmes inquiétudes que n'importe qui.

Pouvons-nous identifier les causes de tous les dommages médicaux ?

John Charles : Nous pensons pouvoir identifier les causes des changements majeurs, mais peut-être pas jusqu'aux niveaux moléculaire et génétique. La recherche nous en apprend chaque jour un peu plus sur la biologie et la physiologie.

On a même des cas d'expériences menées pour confirmer notre compréhension des causes… et elles ont montré que nous avions tort. Ce sont les « erreurs » préférées des scientifiques, car elles nous donnent un meilleur savoir de la physiologie. À mon humble avis, elles nous rappellent que nous aurions eu la bonne réponse dès le début si nous avions posé la question correctement.

Ann-Sofie Schreurs : Nous travaillons activement à déterminer les causes moléculaires et cellulaires qui se traduisent au niveau des tissus. Par exemple, sur le plan cellulaire, la perte de masse osseuse semble être causée à la fois par une augmentation de la résorption des os (l'élimination du tissu osseux) et par une diminution de la formation osseuse. Si nous enquêtons toujours sur les causes au niveau moléculaire, nous savons que cela implique l'endommagement de l'ADN, l'inflammation et le stress oxydant.

Quelles sont les solutions — déjà actées ou potentielles — à tous ces problèmes ?

Ann-Sofie Schreurs : Certaines solutions consistent en la pratique d'exercices physiques. Il est possible également de passer par la prise de médicaments pour contrecarrer des mécanismes que nous comprenons bien, par exemple pour prévenir la résorption des os.

En outre, certains travaux récents et prometteurs sur les antioxydants semblent très encourageants et assez bien supportés par les astronautes.

John Charles : Pour répondre aux effets délétères de l'impesanteur, de l'isolation, du confinement et d'un environnement hostile soumis aux radiations spatiales, les contre-mesures nécessaires correspondent finalement à des besoins vitaux : une nutrition adéquate, la pratique d'exercice, du repos, du sommeil, une charge de travail, ce à quoi s'ajoute une protection contre les radiations et l'entretien d'un environnement sain dans le vaisseau spatial.

Les exercices physiques sont prometteurs pour prévenir la perte de masse musculaire et osseuse en impesanteur. Nous sommes également très enthousiastes au sujet de ce qu'on appelle la « médecine de précision » qui consiste à prendre en compte la composition génétique de chaque astronaute pour lui allouer un traitement médicamenteux qui lui corresponde personnellement. Cela peut potentiellement réduire la quantité de médicaments non nécessaires à transporter à bord lors d'une mission dans l'espace profond, tout en répondant toujours aux besoins des astronautes.

La plupart de ces dommages sont causés par l'impesanteur. Si nous construisons un vaisseau fonctionnant en gravité artificielle, quels dommages persisteraient ?

Ann-Sofie Schreurs : En effet, beaucoup de ces dommages corporels sont générés par la microgravité. Mais il y a beaucoup d'autres problèmes. Sur Mars ou sur la Lune, nous retrouvons une gravité partielle, mais nous sommes alors exposés à davantage de radiations que sur Terre. La gravité artificielle pourrait être une bonne solution pour contrecarrer la microgravité, mais la possibilité de mise en oeuvre d'un tel système dans l'espace reste toujours à démontrer.

L'humanité sera-t-elle un jour suffisamment préparée d'un point de vue médical pour des expéditions jusque Mars ?

Ann-Sofie Schreurs : Oui, bien sûr. Avec le temps nous accumulons plus de savoirs sur les effets de l'espace et les manières de prévenir les risques connus. La Nasa se base sur le traitement des données, nous avançons étape par étape. D'abord, nous allons retourner sur la Lune, et cette fois pour y rester au long terme. Ensuite nous irons sur

Mars et peut-être sur d'autres planètes. Je crois que l'exploration est dans nos gènes et que nous allons trouver un moyen pour continuer à repousser les frontières du possible.

John Charles : La question n'est pas tant « quand ? », car en soi nous pouvons y aller quand cela nous chante. Il serait plus correct de poser la question en ces termes : « Quelle proportion de risque sommes-nous disposés à accepter ? »

Envoyer des êtres humains sur Mars juste après les missions lunaires Apollo aurait pu être technologiquement concevable, mais cela aurait été extrêmement risqué du point de vue médical. Nos dizaines d'années de recherches sur Skylab, sur la Navette spatiale américaine et à présent sur la Station spatiale internationale nous ont enseigné d'importantes leçons sur le maintien de la santé de l'équipage et sur les systèmes de support de vie.

Ces conclusions nous permettront alors d'évaluer les risques biomédicaux restant, quand la décision politique d'envoyer des gens sur Mars sera prise. Ainsi, les décideurs sauront quel pourcentage de risques ils encourent et la probabilité d'une issue à succès.

Est-ce qu'une vie dans l'espace, sur plusieurs générations, pourrait générer des mutations ?

John Charles : La vie dans l'espace évoluera indubitablement en réponse à son environnement, tout comme elle a évolué en réponse aux changements environnementaux sur Terre.

Une telle évolution est parfois décrite comme une mutation, mais les mutations ne sont pas toujours mauvaises – si elles sont bénéfiques et simplement bénignes alors l'organisme continue de vivre et de se reproduire. Cependant, dans un futur prévisible, je ne peux anticiper de nouvelles structures corporelles.

Est-ce que la description que fait *Star Trek* d'une médecine spatiale très poussée pourrait se réaliser dans le futur ?

John Charles : Je suis confiant sur le fait que nous allons atteindre le niveau de *Star Trek* dans nos aptitudes médicales. En plus de la médecine personnalisée, que notre compréhension moderne de la génétique va rendre possible, je n'aurais jamais imaginé que des techniques actuelles telles que l'échographie ou l'ultrasonothérapie puissent ressembler autant au « tricorder » du Docteur McCoy.

Artwork du jeu vidéo de gestion *Surviving Mars* : sans terraformation, il faut évoluer sous des dômes. (Image : jacquette officielle)

PARTIE 6
NOTRE AVENIR SUR MARS

RICHARD HEIDMANN : L'ASSOCIATION PLANÈTE MARS.......P.150

SHEYNA GIFFORD : TRIBULATIONS D'UNE MARTIENNE.......P.158

CHRISTOPHER MCKAY ET STEPHEN PETRANEK :
TERRAFORMER MARS..P.165

Imaginez le prospectus : « Mars, la planète rouge... Son air irrespirable par des humains à cause du manque d'oxygène, ses dunes parsemées de pierres coupantes comme du verre, ses tempêtes de poussière, sa température moyenne de -63°, sa faune et sa flore inexistantes... »

Sur le papier, il est certain que notre planète voisine peut paraître quelque peu inhospitalière. L'installation à sa surface reste, en ce début de XXIe siècle, une utopie. Mais, au regard des moyens déployés pour surpasser tous les obstacles, il se pourrait bien que cela soit tout à fait envisageable dans un futur à moyen ou long terme.

L'objectif le plus crédible à l'heure actuelle n'est pas d'y voir naître une ville humaine où passer nos vieux jours, mais bien d'y envoyer des expéditions à vocation purement scientifique.

Une planète à étudier sous toutes les coutures

L'un des principaux axes de recherche sur place pourrait être l'astrobiologie, comme nous le confirme Cyprien Verseux, scientifique spécialiste de ce domaine et qui a participé à plusieurs missions de simulation d'une vie sur Mars : « *La surface de la planète rouge est inhospitalière mais cela n'a probablement pas toujours été le cas : de nombreux indices suggèrent qu'elle a été plus chaude, mieux protégée des radiations, que de l'eau liquide y a coulé et que l'atmosphère y était moins fine. Il est loin d'être impossible que Mars ait abrité des formes de vie. La possibilité que certaines aient pu survivre jusqu'à aujourd'hui, plus probablement sous la surface, est sérieusement considérée par les scientifiques de divers horizons qui étudient Mars.* »

L'étude biologique de Mars est d'ores et déjà la mission des rovers qui y sont envoyés, mais cela ne suffit pas. « *Un équipage sur place, avec un laboratoire équipé, aurait de bien meilleures chances.* » Les recherches ne se limiteront pas à cela. L'étude plus approfondie des spécificités géologiques de la planète pourrait apporter des éléments fondamentaux de compréhension sur l'ensemble du système solaire.

« *D'autres recherches seront plus appliquées : on y testera et développera très probablement des technologies permettant de survivre là-bas en dépendant de moins en moins de la Terre* », ajoute

Cyprien Verseux. Les systèmes de vie en autonomie, sur lesquels nous nous sommes penchés dans la partie précédente, pourront donc être perfectionnés directement sur place, par la confrontation avec la réalité. Ce sera salutaire pour le développement de l'exploration spatiale humaine. Selon l'astrobiologiste, ces technologies seront également vouées, après quelques adaptations, à « *s'appliquer à divers problèmes majeurs que l'on affronte sur Terre* ».

RICHARD HEIDMANN
L'ASSOCIATION PLANÈTE MARS

« *To explore and settle a New World* », tel est le slogan de la Mars Society. Cette organisation internationale à but non lucratif vise à promouvoir l'exploration de Mars et l'installation humaine sur sa surface. Elle défend cette idée tout autant auprès du public que des agences spatiales et des gouvernements. Son influence est d'autant plus grande qu'elle bénéficie du soutien de célébrités, dont le réalisateur James Cameron et l'astronaute Buzz Aldrin.

L'organisation a essaimé aux quatre coins du monde… Jusqu'en France, sous le nom d'Association Planète Mars. Richard Heidmann, ingénieur en propulsion spatiale, est le fondateur de cette antenne. Il nous a expliqué pourquoi la planète Mars doit être, selon lui, un nouveau berceau pour l'humanité.

L'ENTRETIEN

Quelle est la raison d'être et le rôle concret de la Mars Society ? En tant qu'antenne française, quelles sont les grandes actions que vous menez ?

Ses buts sont de promouvoir une exploration de Mars résolue et l'accession de l'Homme à ce monde, en coopération internationale, avec une participation majeure de la France et de l'Europe. Elle agit principalement en direction du public, mais aussi auprès des milieux décisionnels. En tant qu'antenne française, notre effort principal porte sur l'information du public, au moyen de conférences, d'expositions, d'intervention dans les médias, mais aussi par Internet et sur les réseaux sociaux. Nous publions par ailleurs un bulletin trimestriel. Nous avons aussi publié *Embarquement pour Mars*, un livre exposant les défis du voyage.

Nous entretenons par ailleurs des relations avec les milieux scientifiques concernés (la France est à la pointe), qui répondent volontiers à nos sollicitations pour des conférenciers, et avec les agences spatiales, française et européenne. Enfin, nous proposons et tutorons des projets étudiants sur ce thème tellement riche, qui enthousiasme spécialement les jeunes.

Qu'est-ce qu'une installation sur la planète rouge pourrait offrir à l'humanité ?

Les motivations pour ce projet – politiques puisque faisant appel aux budgets des nations participantes – vont du développement de l'économie et de l'influence géostratégique à la volonté de diffuser le goût des métiers techniques aux jeunes, ainsi qu'un esprit de conquête et d'innovation. Ce projet offre un potentiel d'innovation technologique considérable avec des retombées terrestres rapides (économie circulaire...).

Pour aller et travailler sur la Lune et sur Mars, il faudra maîtriser de manière novatrice l'énergie (pour la propulsion et la génération d'électricité), apprendre à gérer des ressources rares de manière efficace (recyclage de l'air, de l'eau, des déchets), s'appuyer sur une robotique puissante et robuste. Il y a consensus sur ces points, même si ces considérations sur la préparation de notre futur tardent à déclencher une adhésion politique.

Mais, désormais, les motivations à long terme sont portées par quelques entrepreneurs brillants et visionnaires, qui éveillent l'intérêt sur l'avenir de l'Homme dans l'espace. Dès lors que vous vous interrogez sur les perspectives d'évolution de l'humanité, vous ne pouvez éviter de penser aux conséquences futures de sa capacité à accéder à l'espace. Une source de progrès et de développement ?

Si oui, par le biais de quelles activités et découvertes ? Et quelle est notre responsabilité concernant la diffusion et la préservation de la vie ? Avons-nous un destin cosmique ? En fin de compte, l'installation sur Mars est-elle bien la première étape qui s'impose ?

Réfléchir à ces questions conduit chacun à se faire sa propre opinion. La présence de l'Homme sur Mars permettrait une recherche scientifique beaucoup plus efficace, les robots pouvant être commandés en direct, sans temps de latence, partout à la surface de la planète à partir d'une seule base.

Vous défendez ce que vous appelez une « approche éthique » du voyage vers Mars. Qu'entendez-vous par là ?

Le terme éthique n'est sans doute pas très explicite, car ambigu dans ce contexte. En effet, toutes sortes de critiques formulées sur le projet ont un caractère indéniablement éthique : il y a des dépenses plus urgentes ; occupons-nous d'abord de la Terre ; cela coûte trop cher ; c'est trop risqué pour les voyageurs ; après avoir défiguré la Terre, on va polluer une autre planète...

Nous ne partageons pas ces opinions, mais nous les respectons, car elles sont de bonne foi. Une partie de notre communication consiste à les réfuter et, *a contrario*, à démontrer les bienfaits qu'une telle ouverture sur de nouvelles perspectives apportera à l'humanité. Dans ce registre, la survie de notre espèce à long terme apparaît à la fois comme la plus lointaine mais aussi la plus profonde des préoccupations éthiques. Lorsque nous qualifions notre démarche d'éthique, c'est pour souligner que c'est d'abord ce type de considérations qui nous motivent. Bien entendu, nous soutenons aussi les apports de l'exploration spatiale à la science et sur les motivations politiques que je viens d'évoquer.

L'association est en interaction constante avec le grand public. Quelle vision ont la plupart des gens de la planète Mars ?

Certains astronomes avaient prétendu avoir décelé des signes d'une vie, et même d'une civilisation martienne (les fameux canaux martiens !). Bien que débarrassée, par un demi-siècle d'exploration robotique, de ces mythes dont elle était auréolée jusqu'à la fin du XIXe siècle, la planète rouge est restée présente dans la conscience collective. Nos contacts fréquents avec le public nous permettent de témoigner de ce constat.

Bien entendu, ce sont désormais les perspectives d'accès de l'Homme à ce monde, et les questions techniques et humaines qui s'y rattachent, qui passionnent au premier chef. Mais les deux thèmes scientifiques porteurs, à savoir la compréhension de l'histoire de la planète — susceptible de nous aider à mieux comprendre notre propre Terre — et les grandes interrogations sur l'origine et sur le caractère « banal » ou exceptionnel de la vie, stimulent le désir de découverte.

Cependant, ce fond culturel favorable à l'exploration est grevé par un certain nombre de préjugés ou, assez fréquemment, par des estimations basées sur des informations biaisées ou des interprétations hasardeuses. Des messages visant à dramatiser l'aventure font malheureusement florès : le voyage dans l'espace est par nature une entreprise à risques ; les retombées sont trop lointaines pour être spontanément perçues. Les plus exploités par les prophètes du pessimisme sont indéniablement que cela coûterait trop cher, que nous ne sommes pas prêts techniquement et que le risque pour les voyageurs est trop grand.

En ce qui concerne les coûts, la comparaison à d'autres postes budgétaires démontre qu'ils n'ont rien d'extravagants. Si l'on prend en compte les ressources publiques de l'État nord-américain, on pourrait aujourd'hui monter un programme de plusieurs missions humaines sur Mars pour un coût inférieur à celui du programme Apollo qui a permis d'explorer la Lune. Par ailleurs, et c'est un facteur déterminant, on observe que l'initiative privée en plein essor conduit à une baisse considérable de ces coûts.

Sur le plan technique, nous possédons toutes les technologies requises. Le défi qu'il reste à surmonter est de les assembler dans une architecture de mission résiliente, suffisamment fiable et sûre, malgré les contraintes de la durée de mission (30 mois) et de la situation d'isolement total de l'expédition. Enfin, concernant le risque, c'est l'effet de l'ambiance des rayonnements ionisants rencontrés durant la mission qui est brandi comme un obstacle majeur (un « showstopper »). C'est vrai qu'on ne peut pas ignorer ce facteur environnemental, mais il existe des moyens de s'en protéger, tant en raccourcissant la durée des trajets interplanétaires qu'en enfouissant les habitats planétaires.

Ceci étant, ceux qui s'embarqueront sauront bien évidemment qu'ils acceptent un risque exceptionnel, dont cette affaire de rayonnements ne sera qu'un des multiples aspects (lancement, long transfert spatial, rentrée dans l'atmosphère, maladie, dépressurisation...). Ce n'est qu'à la longue, comme cela s'est avéré dans l'aéronautique, que le niveau de risque pourra permettre à (presque) monsieur et madame tout le monde d'embarquer pour Mars.

Est-ce qu'il y a aujourd'hui des projets de vie sur Mars qui sont particulièrement crédibles ? Et inversement d'autres projets beaucoup trop « farfelus » pour être intéressants ?

Il est vrai qu'il y a beaucoup de réflexions sur la perspective d'un établissement permanent (une « colonie ») sur Mars, certaines correctement documentées. Mais nous n'en sommes pas, loin s'en faut, à concevoir et encore moins à planifier une telle entreprise.

Ce qu'on peut raisonnablement prédire, c'est, en premier lieu, une phase d'exploration par des équipages de quelques astronautes séjournant 18 mois dans un habitat temporaire. Cette phase est la seule réellement étudiée. Il s'ensuivrait une phase d'installation progressive d'un base permanente (du type de celles qu'on trouve en Antarctique) où travailleraient une douzaine ou une vingtaine de scientifiques et de techniciens.

Malgré tout, la situation évolue sous la poussée des initiatives et des ambitions de quelques entrepreneurs audacieux et visionnaires (illuminés, aux yeux de certains). Parmi ceux-ci, Elon Musk est la figure de proue. Il a créé en 2002 la société SpaceX, qui a connu un développement fulgurant et amené des innovations tout à fait essentielles – notamment la réutilisation du premier étage des lanceurs – dans le but explicite de développer un système de transport interplanétaire à faible coût et à grande capacité. À l'heure actuelle, les tôles des prototypes commencent à être soudées et les moteurs sortent à la chaîne... Difficile de dire si Elon Musk réalisera son ambition, ni quand, ni sous quelle forme de coopération avec les agences. Mais d'ores et déjà, ses résultats encouragent un regain de spéculation sur les projets de « colonisation ».

Quel est le rôle principal des instances politiques dans l'odyssée martienne ?

Jusqu'à présent, l'engagement des nations spatiales dans la découverte de la planète, par l'intermédiaire des programmes d'exploration robotique de leurs agences, a été déterminant. En 50 ans, c'est une cinquantaine de sondes qui ont été lancées, par plusieurs pays. Avec des résultats (et des prouesses technologiques) remarquables : ils ne pourront désormais être surpassés qu'en présence d'opérateurs humains, bien plus polyvalents et rapides, et seuls capables, par exemple, de réaliser des forages profonds dans le sol.

Depuis la fin du programme Apollo, on attend de la part des décideurs institutionnels une décision de reprendre l'exploration humaine si brillamment inaugurée. Mais nous n'avons assisté qu'à quelques initiatives américaines, bien vite avortées par insuffisance de financement ou... par changement de présidence !

Tout récemment encore, un consensus a été exprimé entre la Nasa et l'ESA pour lancer un programme qui viserait une première étape lunaire, avant de se diriger vers Mars dans les années 2030. Certes, on peut regretter de ne pas viser Mars d'emblée, mais au moins ce serait la fin de l'immobilisme. Bien entendu, il reste à vérifier que les financements seront votés, sachant que le président Trump vient de rendre le problème bien plus ardu pour la Nasa en lui demandant de rapprocher la date du retour d'Américains sur la Lune de 2028 à 2024 (on devine pourquoi). Reste à voir comment un partenariat public-privé pourrait s'organiser, en fonction des progrès de SpaceX (et Blue Origin).

Quelles sont vos estimations datées des prochaines grandes étapes de la « colonisation » de Mars ?

Sans prendre en compte l'effet potentiel des initiatives privées, il est difficile de donner des dates tant que l'exploration elle-même n'est pas relancée. Quoi qu'il en soit, dans ce cadre de politiques essentiellement à court terme, un projet de colonisation reste très hypothétique ; les retombées en seraient trop lointaines et les considérations éthiques insuffisantes. Donc j'aurais tendance à dire que cela restera du domaine des supputations et ne verra pas le jour au cours de ce siècle.

Mais, en cas de persistances des succès et du développement des initiatives privées, avec en particulier la mise en service de lanceurs lourds à bas coût (car réutilisables), la donne pourrait changer. C'est l'ambition qu'affiche Elon Musk. Dans ce cas, et à la condition de parvenir à donner à l'entreprise une structure économique assurant sa viabilité à moyen terme, une première colonie de quelques centaines de personnes pourrait être établie en quelques dizaines d'années, voire moins (en 2050 ?). Mais il faudra trouver des investisseurs !

En fait, difficile de dire ce qu'il adviendra, compte tenu du nombre de facteurs externes qui peuvent entraver (ou favoriser) le développement astronautique, comme le progrès de l'humanité de façon plus générale.

Pour finir, je citerais Thomas Jefferson qui disait au début du XIXe siècle : « *Il faudra mille ans pour joindre la côte ouest des USA* ». Entre temps, le train est arrivé avec sa technologie, ses investisseurs, ses fortunes créées, et il a fallu... 40 ans.

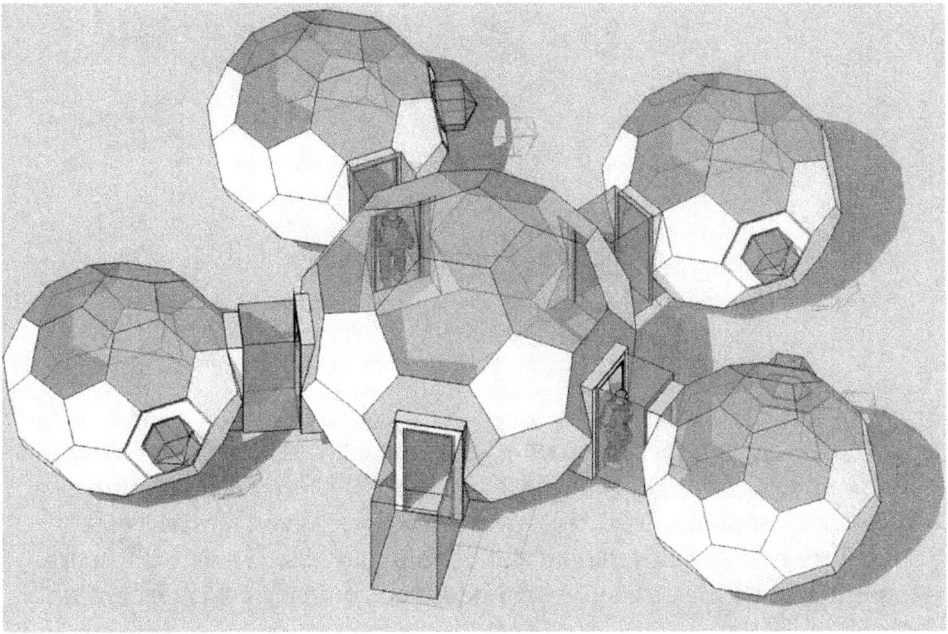

Voici des ébauches inédites de la série *Mars* (National Geographic), qui nous ont été transmises en exclusivité par Andre Bormanis, producteur de la série. Ces artworks représentent Olympus Town, une cité martienne potentielle sous forme de dômes habitables.

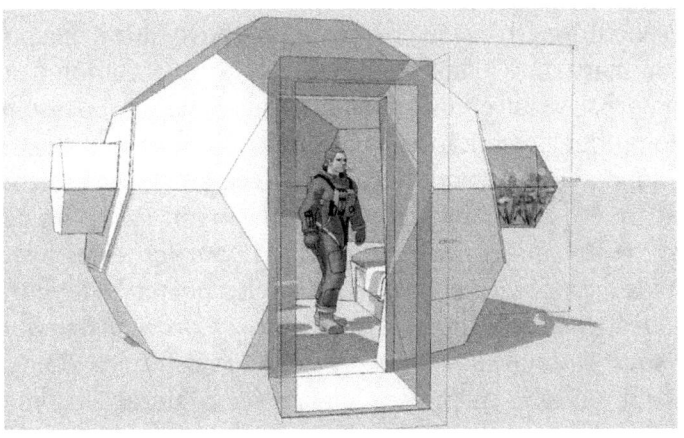

SHEYNA GIFFORD
TRIBULATIONS D'UNE MARTIENNE

Si des expéditions humaines adviennent réellement sur Mars, les premiers temps de cette installation seront loin d'être idylliques. L'équipage sera mis à rude épreuve. Pour cette raison, il est nécessaire de mettre en place dès maintenant des simulations. Il existe plusieurs expériences de mise en situation où tout un équipage est isolé dans un contexte désertique proche de l'environnement martien.

L'exobiologiste français Cyprien Verseux a participé à deux reprises à une telle simulation. Pour sa première mission, mise en place par la Nasa, il a passé une année entière sous un dôme de 112 m², installé dans une zone rocheuse et volcanique à Hawaï. Les rares sorties devaient se faire en combinaison spatiale. Sa seconde mission était beaucoup plus glaciale, puisqu'elle l'a mené à Concordia, en Antarctique, dans l'une des bases scientifiques les plus isolées du monde. Au fil de ces mises en condition, il a vécu ce qui s'approche le plus d'une potentielle expédition martienne : l'autonomie totale, la cohabitation d'une petite équipe en espace restreint, le travail scientifique, la rudesse physique et psychologique de conditions extrêmes.

C'est donc avec un sacré bagage de connaissances concrètes qu'il nous a affirmé qu'une mission martienne n'avait rien d'infaisable, au contraire : « *Je suis convaincu que cela sera largement soutenable tant que les astronautes considèrent que les objectifs de leur mission justifient les difficultés qu'ils traversent, et on peut supposer sans grand risque de se tromper que ce sera le cas.* » S'il pouvait partir tout de suite vivre la même expérience sur Mars en dehors de toute simulation, il le ferait sans hésiter. « *C'est une mission qui aura une extraordinaire valeur scientifique et humaine,* nous confie Cyprien Verseux. *Dire que je me réjouirais d'y contribuer aussi directement serait un euphémisme.* »

Durant sa première mission d'isolement, baptisée HI-SEAS IV, le français était accompagné de plusieurs coéquipiers. Parmi eux, on compte Sheyna Gifford. Cette docteure et journaliste scientifique américaine avait pour rôle de s'assurer de la sécurité des lieux et de la bonne santé de tout le monde. Elle devait aussi documenter tout ce qu'il se passait, comme un reporter envoyé spécial sur cette Mars simulée. Sheyna Gifford a commencé à travailler dans l'industrie aérospatiale à l'âge de 18 ans. Cette expérience est donc tout simplement dans la continuité d'une véritable vocation : « *J'ai participé à HI-SEAS, ainsi qu'à une plus courte simulation auparavant au Johnson Space Center de la Nasa, car je ressens une obligation envers l'avenir de notre espèce de faire tout mon possible pour aider l'humanité à se rendre dans les étoiles.* »

Pour que l'étude HI-SEAS puisse avoir une utilité scientifique concrète, elle a été réalisée dans des conditions ressemblant le plus possible à un environnement martien. Cela commence par le choix du lieu. Les pentes du volcan hawaïen Mauna Loa présentent des similitudes avec la surface déserte de Mars, principalement parce qu'il se trouve en haute altitude (à 2500 mètres). « *En conséquence, l'environnement peut être très sec, avec peu de végétation... et une vue magnifique sur le ciel* », précise Sheyna Gifford, qui nous emmène durant cet entretien dans son quotidien sur Mars – ou presque.

L'ENTRETIEN

Quel est l'objectif scientifique d'une simulation martienne comme HI-SEAS ?

Le but de toute simulation est de s'entraîner en prévision de situations réelles. Les pilotes, les médecins, les pompiers et les sauveteurs font des simulations dans des conditions sûres, de manière à être plus en sécurité lorsqu'une situation réellement dangereuse se présente. C'est pareil pour les simulations spatiales. Certains aspects des missions peuvent être testés sans quitter la Terre, et ce pour une fraction du coût qu'engendrerait un problème survenant dans l'espace : équipement électronique, capacité de fournir de la nourriture et des soins à l'équipage, psychologie humaine...

L'étude à HI-SEAS était consacrée à mesurer les effets de l'isolement et du confinement sur la capacité d'un équipage à mener à bien les tâches qui lui sont assignées. Avant d'aller sur Mars, il est préférable de savoir si le fait de vivre au sein d'un petit groupe de personnes va ralentir les astronautes, les rendre malheureux, les empêcher de travailler...

Une seule étude ne peut pas vous dire si les humains réussiront bel et bien quand ils iront sur Mars. Mais une série d'études peut potentiellement révéler des tendances inhérentes aux équipages qui fonctionnent bien et à ceux qui fonctionnent mal. C'est justement dans le cadre d'une série de missions que HI-SEAS recherchait ces tendances, observait les éventuels changements physiologiques et réunissait des données sur la nutrition, sur l'hygiène du sommeil et sur l'évolution des fonctions cognitives en milieu isolé.

Ces éléments sont importants dans le cadre d'un voyage spatial et font actuellement l'objet d'études dans divers milieux, tels qu'en Antarctique, dans des sous-marins et dans des communautés isolées.

Pourriez-vous nous immerger dans votre vie quotidienne sur HI-SEAS IV ?

La vie quotidienne d'un martien ressemble beaucoup à la vie quotidienne d'un habitant de la Terre dans une région éloignée (en Antarctique, dans un sous-marin, sur une île loin de toute autre vie humaine). Ce qui peut être spécifique au fait d'être un martien, c'est qu'il doit être un scientifique à temps plein ainsi qu'un agriculteur, un cuisinier, un plombier, un électricien, un ingénieur en assainissement. Les seuls endroits où obtenir plus de matériel ou de l'aide sont à quelques pas aux alentours. Si vous avez besoin d'aide rapidement, vous devez vous tourner vers vos collègues martiens.

Vous pouvez certes appeler la Terre et laisser un message pour quelqu'un, qui pourra vous répondre un peu plus tard, mais il n'y a pas de conversation en temps réel. Vous pouvez demander à la Terre de vous envoyer quelque chose que vous n'avez pas, mais cela prendra beaucoup de temps pour arriver – si cela arrive un jour – donc vous apprenez quelles ressources demander, et à en demander le moins possible.

C'est cet aspect de la vie dans l'espace qui est unique : de très courts trajets sur place, des temps de communication très longs, des privations. L'espace vous oblige à être intelligent, débrouillard, réfléchi – ou sinon à faire face à des conséquences potentiellement bien plus lourdes que ce que pourrait expérimenter n'importe quel habitant de la Terre.

Cela dit, presque toutes les personnes vivant dans un pays en développement, ou étant dans une situation instable dans un pays développé, voire ayant fait du camping pendant un moment, savent ce que c'est que de manquer de ressources, d'avoir accès à seulement certains types d'aliments et quelques vêtements ; d'avoir peu d'eau disponible pour la cuisine et le nettoyage ; d'avoir à utiliser des toilettes sans chasse d'eau.

Les faibles rations de nourriture, le manque d'eau, d'intimité et d'accès à l'hygiène ne sont pas l'apanage de l'espace. Le fait que votre situation ne s'améliorera pas pendant longtemps, ou ne s'améliorera jamais, n'est pas propre à l'espace non plus. La particularité de l'espace (et du camping, je suppose), c'est que vous vous l'êtes imposé de votre propre chef. Vous avez choisi cette vie de minimalisme parce que vous vouliez l'aventure. Ou parce que vous avez cru en quelque chose de plus grand. Vous avez choisi cette voie par curiosité envers vous-même et envers l'Univers.

L'austérité ne donne donc pas l'impression d'une privation, mais plutôt d'un privilège. Et c'est bel et bien un privilège d'avoir des manques par choix et non par obligation. Si vous vous retrouvez un jour dans l'espace, vous ferez des choses peu éloignées du camping sur Terre, mais avec un petit quelque chose en plus.

Durant la simulation, comment avez-vous géré les relations humaines dans un espace confiné, pendant une si longue période ?

Les relations humaines sont similaires à celles que l'on pouvait trouver à bord des navires d'exploration au tout début de la colonisation : la priorité n°1 est la survie. Sans les autres membres de votre mission, vous ne survivrez pas et votre mission échouera. Donc, au moins sur le moment, vous vous concentrez sur ce qui doit être fait, au-delà des individualités.

Tous les problèmes personnels qui se posent et qui ne peuvent pas être traités rapidement sont souvent laissés de côté jusqu'à la fin de la mission. C'est ce qu'on appelle la « compartimentation » : on met littéralement quelque chose de côté. Toute personne ayant un travail stressant où la vie est en jeu – pilote de ligne, pilote automobile, médecin, astronaute – apprend à compartimenter pour pouvoir faire son travail. C'est plus tard, quand il n'y a plus de risques, qu'on ouvre le compartiment et qu'on s'en occupe.

Les événements qui peuvent survenir ressemblent beaucoup à ce qu'il se passe entre colocataires et entre collègues de travail sur Terre, car votre équipe incarne ces deux rôles à la fois ! À qui reviennent les tâches de faire la vaisselle et de préparer les combinaisons spatiales sont les deux questions qui reviennent le plus lorsque vous vivez et travaillez avec les mêmes personnes... dans l'espace.

Avez-vous une idée des améliorations et innovations nécessaires à un futur habitat similaire à celui dans lequel vous avez vécu ?

Pour un meilleur contrôle de l'environnement (protection contre les radiations, contrôle de la température, réduction de la poussière...), les futures colonies lunaires et martiennes seront probablement souterraines – du moins en partie. Vivre dans des tunnels de lave est un bon moyen de s'assurer qu'une micrométéorite ou une éruption solaire ne seront pas la cause d'une fin aussi rapide que tragique de votre mission.

Ces habitats pourraient être gonflables, pour en réduire la masse. Ils doivent être reconfigurables pour s'adapter aux différentes tailles d'équipages et aux différentes missions. Ils doivent être portables et redéployables, afin que les missions puissent se déplacer vers différents points d'intérêt sur l'ensemble de la planète : Mars a presque la même surface au sol que la Terre, elle possède le plus grand volcan connu du système solaire et un grand canyon de la taille des États-Unis... il y a beaucoup à voir.

Quel est l'enjeu pour l'humanité d'aller s'installer sur Mars ?

Essayez d'imaginer que l'humanité soit encore aujourd'hui restreinte à la surface de la Terre. Que nous ne soyons jamais allés sur la Lune. Que nous ne vivions pas dans l'espace de façon continue depuis 20 ans [dans l'ISS]. Que nous ne mettions pas des satellites en orbite quotidiennement. Que nous ne soyons pas à l'aube du tourisme spatial. Que tout ce que nous fassions se limite au sol terrestre. Cette vision de l'humanité est-elle meilleure que celle que nous avons aujourd'hui ? Est-ce même imaginable ?

Non, ça ne l'est pas, parce que notre société actuelle est en grande partie façonnée par notre capacité à vivre dans l'espace. En outre, notre conception de nous-mêmes en tant qu'espèce intègre l'idée que nous puissions vivre sur la Lune et sur Mars. L'humanité évolue dans l'espace depuis plus d'un demi-siècle, donc nous savons qu'y vivre n'est qu'une question d'investissement.

À ce jour, investir en nous-mêmes pour devenir aptes à aller dans l'espace nous a rendus tellement meilleurs en tant qu'espèce... Nous avons bénéficié d'un retour quasi inconcevable en matière de connaissances, de technologies, d'aptitudes en communication ; sans parler d'espoir, d'enthousiasme et d'inspiration. Les retombées financières de notre effort pour devenir une espèce capable d'aller dans l'espace sont vastes et les effets sociaux positifs le sont plus encore.

Il va sans dire que nous avons acquis ce monde que nous voyons autour de nous parce que nous sommes allés dans l'espace et que nous y sommes restés pendant une génération. La façon dont évoluera l'humanité quand nous deviendrons interplanétaires (ce que nous gagnerons à survivre et même à bien vivre sur notre planète, ensemble, sans compter vivre loin de la Terre) est impossible à prédire avec précision... Mais ce sera sans aucun doute une meilleure vision de l'humanité que si nous n'y allons pas.

Compte tenu de ce que nous avons gagné jusqu'à présent, rien qu'en visitant brièvement la Lune, il est raisonnable de penser qu'une présence là-bas et au-delà conférera à notre espèce des capacités inestimables et améliorera considérablement la vie partout où l'humanité se trouvera.

Photographie de HI-SEAS IV, où l'on voit Cyprien Verseux. Tout a été simulé comme si cela se déroulait sur Mars, des dômes aux panneaux solaires, en passant par des sorties extérieures exclusivement en combinaison spatiale.
(Image : © Sheyna Gifford, avec permission)

TERRAFORMER MARS, EST-CE CRÉDIBLE ?

« *Il existe de nombreuses menaces à la survie de l'espèce humaine sur cette planète (…). Si nous ne devenons pas une espèce spatiale qui peut non seulement apprendre à vivre sur Mars, mais aussi à voyager bien au-delà de notre système solaire pour s'installer sur d'autres planètes semblables à la Terre, l'humanité s'éteindra.* » C'est en tout cas l'avis de Stephen Petranek. Pour lui, la migration spatiale n'est pas une option, il en va de la survie de l'humanité. Connu pour ses conférences TEDx sur le futur, ce journaliste est aussi l'auteur de l'ouvrage *Comment nous vivrons sur Mars* (2016), dont est adaptée la série docu-fiction *Mars* que nous avons évoqué un peu plus tôt.

À ce stade de l'enquête, il ne vous a sans doute pas échappé que le problème d'une vie sur Mars est que cette planète n'est, en soi, pas vraiment favorable à la vie humaine. Son atmosphère extrêmement ténue ($1/100^e$ de l'atmosphère terrestre) est composée à 96 % de dioxyde de carbone (CO^2) et les températures peuvent y être très basses. Il faut donc rivaliser d'ingéniosité pour installer des habitats dans cet environnement peu accueillant. Malgré tout, la recherche avance.

Extraire de l'eau et de l'oxygène

Au Massachusetts Institute of technology, Michael Hecht a mis au point la machine MOXIE (Mars OXygen In situ Experiment).

Un peu à la manière des arbres, ce dispositif approvisionnerait les missions humaines en oxygène en séparant les molécules de carbone et d'oxygène de l'atmosphère martienne. La Nasa prévoit d'embarquer un de ces appareils sur le rover qu'elle enverra sur Mars, en 2020. Pour le moment, MOXIE est de la taille d'une batterie de voiture et ne produit que 10 grammes d'oxygène par heure, ce qui est loin d'être suffisant. Pour combler les besoins des équipages en mission sur Mars, les futurs générateurs d'oxygène devront être 100 fois plus large.

Un autre défi de l'installation humaine sur la planète rouge réside dans l'approvisionnement en eau. Le dispositif WAVAR (WAter Vapor Adsorption Reactor), mis au point à l'Université de Washington à la fin des années 1990, permettrait d'y répondre. Cet appareil fonctionne comme une sorte de déshumidificateur dont la pièce centrale est le zéolite, un minéral capable d'absorber l'humidité de l'atmosphère martienne. Après tout un processus de condensation et de congélation, l'eau ainsi obtenue est restituée sous forme liquide.

Mais pour Stephen Petranek, plus encore que l'eau et l'oxygène, c'est la production de nourriture sur Mars qui pose problème. « *Des serres suffisamment grandes pour fournir un approvisionnement continu en nourriture seraient trop massives et trop chères*, d'après les estimations du journaliste. *Jusqu'à ce que Mars soit terraformée, les humains devront recevoir depuis la Terre environ 80 % de leur alimentation, séchée à froid* ».

Mars serait habitable « avec les bons éléments »

Nous avons eu l'occasion d'aborder brièvement la terraformation à plusieurs reprises au fil du numéro. Rappelons que ce procédé est entièrement hypothétique, il n'a jamais pu être testé à une échelle sérieuse et réelle. Mais il peut tout de même être considéré comme un futur possible de notre odyssée spatiale, tant il résoudrait de nombreux problèmes.

Le principe est de modifier une planète inhospitalière pour l'être humain, afin de la rapprocher de l'environnement terrestre. Cela passe par de l'ingénierie planétaire : la transformation de l'atmosphère, le changement de la température, la mise en place d'un écosystème riche en faune et en flore. Pour Stephen Petranek, notre capacité à terraformer Mars déterminera le bien-être à long terme des humains installés sur la planète. L'épaississement de l'atmosphère garantirait aux humains une protection face aux radiations solaires.

Du fait de l'aspect encore très théorique de la terraformation, il existe peu de spécialistes de la question dans le monde. Christopher McKay fait partie de ces rares chercheurs. Docteur en astrogéophysique, ce planétologue de la Nasa est expert en atmosphère planétaire mais aussi en exobiologie – une discipline dédiée aux origines, à l'évolution et à l'avenir des formes de vie dans l'Univers. Pour lui, l'avantage de la terraformation est qu'elle « *rend possible une habitabilité à long terme à l'échelle de toute la planète, et par conséquent une biosphère évoluant d'elle-même* ». Et c'est Mars qui est prioritairement en ligne de mire pour être terraformée car elle a « *ceci de particulier qu'elle pourrait être habitable si elle possédait les bons éléments* ».

Christopher McKay estime que ce procédé est tout à fait crédible, mais il est encore difficile de prévoir sa place future dans l'odyssée spatiale : « *la terraformation pourrait exister sans colonisation, ou la colonisation être entreprise sans terraformation* ».

Pièce maîtresse des œuvres de SF

À l'origine, le principe de terraformation est né dans la littérature de science-fiction. Les premières références à l'idée remontent au tout début du XXe siècle, mais le terme lui-même apparaît dans la revue *Astounding Science Fiction*, en 1942, dans une nouvelle écrite par l'écrivain américain Jack Williamson. C'est un thème que les œuvres de l'imaginaire ne cesseront plus d'utiliser pour décrire nos futurs possibles dans l'espace.

L'une des incarnations phares se trouve dans la Trilogie de Mars, signée Kim Stanley Robinson. Après *Mars la rouge*, qui narre l'installation des premières colonies martiennes, le deuxième tome *Mars la verte* met en scène une terraformation toujours plus poussée avec l'installation d'une véritable nature ; jusqu'à l'apothéose dans *Mars la bleue* où l'eau liquide apparaît sur notre planète voisine. Dans de nombreuses œuvres de science-fiction, si l'humanité a pu s'éparpiller dans l'espace, c'est bel et bien grâce à la terraformation, comme dans la série *Firefly* (de Joss Whedon) où des centaines de planètes et de lunes ont été terraformées pour pouvoir accueillir des colonies. Dans *The Expanse*, c'est au contraire un sujet de débat politique au sein de la société martienne – qui commence à être habituée de vivre sous des dômes.

Le procédé est aussi énormément présent dans les jeux vidéo de gestion se déroulant dans l'espace. Par exemple, l'excellent *Surviving Mars* (sorte de *Sim City* sur la planète rouge) a étendu son univers en proposant un mode où vous pouvez commencer une terraformation autour de la colonie humaine que vous gérez.

Objectif n°1 : réchauffer Mars

Pour passer de l'hypothèse fictionnelle à la pratique, de nombreux obstacles sont à franchir. Christopher McKay nous indique que la première étape serait de réchauffer Mars : « *Il s'agit de passer d'une moyenne actuelle de -60° Celsius, à une température plus proche de la moyenne terrestre de 15° C* ». Pour ce faire, « *il faut recréer une atmosphère plus dense en dioxyde de carbone* ».

L'ambition serait de faire fondre toute la glace présente sur Mars (aux pôles et sous le sol) pour libérer du CO^2 et de la vapeur d'eau. Cette sublimation (passage de l'état solide à l'état gazeux) générerait un effet de serre apte à épaissir l'atmosphère, pour ainsi, potentiellement, démarrer un réchauffement de la planète.

C'est d'ailleurs pour cette raison que l'entrepreneur Elon Musk avait annoncé de manière toujours aussi spectaculaire qu'il aimerait lancer des bombes thermonucléaires sur les calottes polaires de Mars pour libérer le dioxyde de carbone qui y est présent.

Mais en réalité ce n'est pas si simple. Une étude publiée par la Nasa en 2018 signale qu'il ne reste probablement pas assez de dioxyde de carbone sur Mars pour créer un effet de serre suffisant. Il resterait alors la possibilité d'aller chercher ce CO^2 au sein des gisements de minéraux mais, comme vous vous en doutez, une telle exploitation minière sur Mars serait une entreprise titanesque, au coût faramineux – et sans même un succès certain, puisqu'il y a peu de chance que le

CO^2 exploitable dans ces minéraux suffise. Les auteurs de l'étude en arrivent à la conclusion que « *terraformer Mars n'est pas possible avec nos technologies actuelles* ». Pour résoudre ce problème, il faudrait envisager de transporter massivement de l'eau sur Mars, en l'important par exemple depuis la glace présente sur les lunes de Jupiter ou sur des astéroïdes.

Continuons encore à briser quelques rêves de terraformation, car les obstacles ne s'arrêtent pas là. Imaginons que Mars abrite, à sa surface ou dans son sol, des quantités suffisantes de dioxyde de carbone, d'eau et d'azote, et que nous arrivions à réchauffer la planète. Après cette première phase, qui prendrait à peu près une centaine d'années, Christopher McKay nous précise qu'il faudrait encore « *produire un taux d'oxygène dans l'atmosphère qui permettrait aux êtres humains et à d'autres grands mammifères de respirer normalement* ».

Cette phase-là est difficile et, s'il fallait anticiper seulement à partir de nos moyens actuels, « *cette oxygénation prendrait au moins 100 000 ans* ». Pour le planétologue, en définitive, « s*eule une percée technologique* » de grande ampleur pourrait résoudre ces difficultés.

Le dilemme éthique

Mais puisque nous sommes dans de l'anticipation, partons sur un « et si ? » : et si nous pouvions raisonnablement terraformer Mars et d'autres planètes ? Alors, des problématiques éthiques se poseraient. « *La question est de savoir ce que nous valorisons : la nature ou la vie ?* soulève Christopher McKay. *Partout sur Terre, la nature est égale à la vie. Sur Mars, nature et vie ne sont pas équivalentes. La nature martienne, c'est la façon dont Mars est constituée… apparemment sans vie. Valorisons-nous la nature sur Mars simplement pour ce qu'elle est ?* »

Le chercheur pose ainsi la question des éventuelles traces de vie sur la planète rouge. Cela rejoint le dilemme éthique que nous évoquions avec Joseph Mallozzi, dans la partie 3, via un épisode de *Stargate* où l'usage de la terraformation efface des formes de vie qui n'étaient pas considérées comme ayant une valeur suffisante pour être préservées. Avons-nous le droit de changer l'environnement martien au détriment d'autres formes de vie y résidant possiblement ? Si Christopher McKay appelle à un débat éthique sur la question, il n'estime pas à titre personnel que la terraformation revienne à jouer aux dieux. « *Les dieux créent ex nihilo. La terraformation permettrait d'altérer un environnement pour qu'il soit adapté à la vie, afin d'y planter la vie. Il s'agit de jouer aux jardiniers, pas aux dieux.* » Pour ce chercheur, augmenter la richesse et la diversité de vie dans l'Univers est un objectif pour l'humanité. Terraformer Mars pour y soutenir la vie n'en serait alors qu'une étape.

Quoiqu'il en soit, à moins d'une immense innovation, ces problématiques éthiques ne sont pas prêtes de se poser, puisque la terraformation n'en est qu'à ses premiers pas.

PARTIE 7
EXOPLANÈTES ET VARIABLES INCONNUES

LE MOT DE LA FIN
AVEC DEBRA FISHER, DAVID FOSSÉ ET FLORENCE PORCEL

Dans cette enquête, nous n'avons pas encore abordé le thème des exoplanètes, ces fameuses planètes qui gravitent autour d'un autre soleil que le nôtre. Nous avons choisi de nous concentrer plutôt sur les stations spatiales, sur la Lune et sur Mars. Partir au-delà du système solaire pourrait faire l'objet de tout un numéro. Pour celui-ci, nous tenions à rester dans ce qui peut relever aujourd'hui d'une extrapolation cohérente avec l'état actuel des connaissances. Or, dans un futur proche, voire même à moyen et long terme, la probabilité d'aller s'installer sur une exoplanète est proche de zéro.

Au tout début de notre enquête, nous sommes entrés en contact avec Debra Fisher. Professeure d'astronomie à l'université de Yale, elle a fait partie de l'équipe ayant découvert pour la première fois un système multiplanétaire. Pour elle, il est très clair qu'« *envisager les exoplanètes comme des lieux d'installation correspond à une vision à très long terme* ». Au-delà même des distances, nous avons encore du mal à cerner ce que peut être une planète habitable pour nous : « *Nous ne connaissons pas grand-chose au sujet de l'habitabilité, en dehors des conditions que nous observons dans le système solaire* ». De nos jours, il n'existe aucune exoplanète dont l'habitabilité puisse être affirmée avec une certitude absolue. Mais Debra Fisher reste confiante qu'un jour nous avancerons dans ce domaine. « *Même si nous ne trouvons pas de planètes "exactement" comme la Terre, je pense que l'on peut en trouver qui en soient "suffisamment proches" pour être habitables* ».

Des mondes inconnus à découvrir

« *Il n'y a aucune exoplanète découverte aujourd'hui dont on sache suffisamment de choses pour dire que l'on pourrait vraiment y vivre,* nous confirme David Fossé, rédacteur en chef adjoint du magazine scientifique *Ciel & Espace*. *Le terme de planète habitable est assez piégeux : en réalité c'est une planète de la zone habitable.* » L'habitabilité s'évalue aujourd'hui avant tout en fonction du niveau de proximité avec l'étoile. David Fossé s'est longuement penché sur la question des exoplanètes. Ce travail a donné lieu à un livre, *Exoplanètes*, réalisé en collaboration avec l'illustrateur Manchu, réputé pour ses couvertures d'ouvrages de science-fiction. Les deux hommes se sont adonnés à un travail entre journalisme scientifique et imaginaire : dans ce livre, certaines exoplanètes découvertes sont rigoureusement décrites, dans toutes leurs spécificités actuellement connues, puis à l'aide de l'imagination de l'illustrateur, elles sont représentées visuellement.

David Fossé a enquêté en fouillant dans les productions scientifiques primaires, celles des chercheurs, pour récolter un maximum d'informations sur ces planètes. « *On a essayé de coller les plus possible aux données scientifiques, mais parfois elles sont extrêmement parcellaires et ne nous permettent pas de dire quelque chose de très fiable. Dans ce cas-là, la patte artistique de Manchu intervient* », explique David Fossé.

Au fil de l'ouvrage, les auteurs précisent les parties scientifiquement fiables et les parties inventées. Il y a beaucoup d'extrapolation. Une planète comme CoRoT-7 b est sans doute recouverte de lave, puisqu'on sait que la température en surface est de plus de 2000 degrés (elle très proche de son étoile et lui montre toujours la même face). « *Mais on ne sait pas à quoi cela peut ressembler réellement. Il y a une moitié perpétuellement plongée dans l'ombre et une moitié au soleil, on pense qu'il y a un océan de magma très brillant, et de l'autre côté pourquoi pas de la glace. Je dresse à Manchu le portrait le plus détaillé possible de ce que l'on sait, puis c'est à son imaginaire de jouer pour le reste* ».

Pour David Fossé, « *cela fait partie du désir de l'humanité d'explorer, tout comme créer des objets artistiques* ». Ce type de démarche permet donc de transmettre avec pédagogie le désir d'exploration autant que les connaissances.

Il reste beaucoup d'éléments à éclaircir

Les futurs possibles de l'odyssée spatiale sont à l'image de ces exoplanètes évoquées par David Fossé. Certains aspects sont assez nets et faciles à entrevoir, car l'humanité s'y dédie depuis plus de 50 ans, mais d'autres parties de l'aventure sont impossibles à déterminer scientifiquement. L'imaginaire doit alors intervenir. Cette part de rêve est une force génératrice, elle donne des pistes d'exploration et de cette exploration naît la connaissance. C'est pour cette raison que nous avons dédié une partie entière du numéro à la science-fiction. Il nous est apparu que l'imaginaire, la prospective par la fiction, fait partie intégrante de l'exploration de l'Univers et de l'expansion de l'humanité loin de la Terre. Nos rêves viennent combler les variables inconnues, et l'on peut construire à partir de cela.

Ces variables inconnues sont nombreuses : les découvertes scientifiques ; les innovations technologiques ; les facteurs purement humains de la « marche du monde » à des niveaux politique, social, économique. Mais ce n'est pas un problème pour avancer : comme nous affirme la youtubeuse Florence Porcel, autrice du livre *Les big secrets de l'Univers*, ce que l'on ne sait pas est souvent plus intéressant que ce que l'on sait. « *En quelques dizaines d'années, on est passé de : "on connaît 100 % du contenu de l'Univers" à "on ne connaît que 4,5 % du contenu de l'Univers". Plus on avance, plus on en sait, plus on se rend compte de l'étendue de notre ignorance. Et c'est fabuleusement excitant.* »

Cette part constante de mystère est aussi ce qui attire l'humanité dans l'espace. La plupart des personnes avec lesquelles nous nous sommes entretenus pour ce numéro sont inspirées par le sentiment de repousser une nouvelle grande frontière. « *Mars est une planète fascinante. C'est la frontière ultime de ma génération* », nous confie d'ailleurs Florence Porcel.

Irons-nous vivre loin de la Terre ?

Dans un avenir proche, il apparaît clairement que l'odyssée spatiale est loin d'être synonyme d'un abandon de notre planète mère. Les futurs spatiaux les plus crédibles, pour l'ère à venir, sont sur la Lune et dans des stations proches de la Terre.

Comme nos entretiens avec Thomas Pesquet ou Lucie Poulet le montrent, l'exploration spatiale peut aussi énormément apporter à l'humanité... sur la planète bleue. Toutes les difficultés que nous venons d'explorer dans ce numéro, concernant l'installation d'un habitat ailleurs dans l'espace, permettent d'apprécier à quel point la vie sur Terre est infiniment précieuse et doit être préservée.

Pour découvrir nos autres contenus sur les futurs possibles, et être au courant de nos numéros à venir, nous vous donnons rendez-vous sur notre site internet et sur nos réseaux sociaux :

anticipation-larevue.fr

facebook.com/anticipation.revue

twitter.com/Anticipation_FR

Nous remercions chaleureusement les personnes qui ont contribué à la réalisation de cette enquête. Merci à Samuel Husband, qui nous a aidé dans la traduction de plusieurs entretiens. Merci à Marion Lainé, Gauthier Pérès, Lydie N'Guessan et Mathilde Saroka pour leur contribution à la correction, ainsi qu'à Didier Schmitt qui nous a aidés à approfondir le sujet en nous mettant en contact avec d'autres membres de l'ESA.

Un grand merci également aux personnes qui nous ont fourni des illustrations : Andre Bormanis (artworks de *Mars*), Joseph Mallozzi (artworks de *Dark Matter*), Cyprien Verseux (Hi-Seas IV) et Barbara Imhof (Eden ISS).

Et merci à vous, lecteurs, lectrices, de faire exister notre revue.

Anticipation N°2

© 2019, Marcus Dupont-Besnard / Jeanne L'Hévéder

Édition : BoD - Books on Demand
12/14 rond-point des Champs Élysées 75008 Paris
Impression : BoD - Books on Demand, Norderstedt, Allemagne
ISBN : 9782322084180
ISSN : 2647-7882
Dépôt légal : Septembre 2019

www.ingramcontent.com/pod-product-compliance
Lightning Source LLC
Chambersburg PA
CBHW050058230526
45470CB00004B/1585